QUÍMICA
FORMULACIÓN,
DISOLUCIONES
Y ESTEQUIOMETRÍA

Jhoan M. López

OBERON

Los Profes de Ciencias

OBERON

Primera edición: septiembre de 2025

Ilustraciónes e imágenes: © 2003-2025 Shutterstock, Inc.

Textos y el resto de imágenes: Copyright © 2025 Jhoan M. López

Copyright © 2025 Jhoan M. López. Los Profes de Ciencias

© EDICIONES OBERON (GRUPO ANAYA, S.A.), 2025
Valentín Beato, 21. 28037 Madrid

PAPEL DE FIBRA
CERTIFICADA

ISBN: 978-84-415-5178-7
Depósito legal: M. 13.940-2025
Impreso en España - Printed in Spain

CONTENIDO

TABLA PERIÓDICA

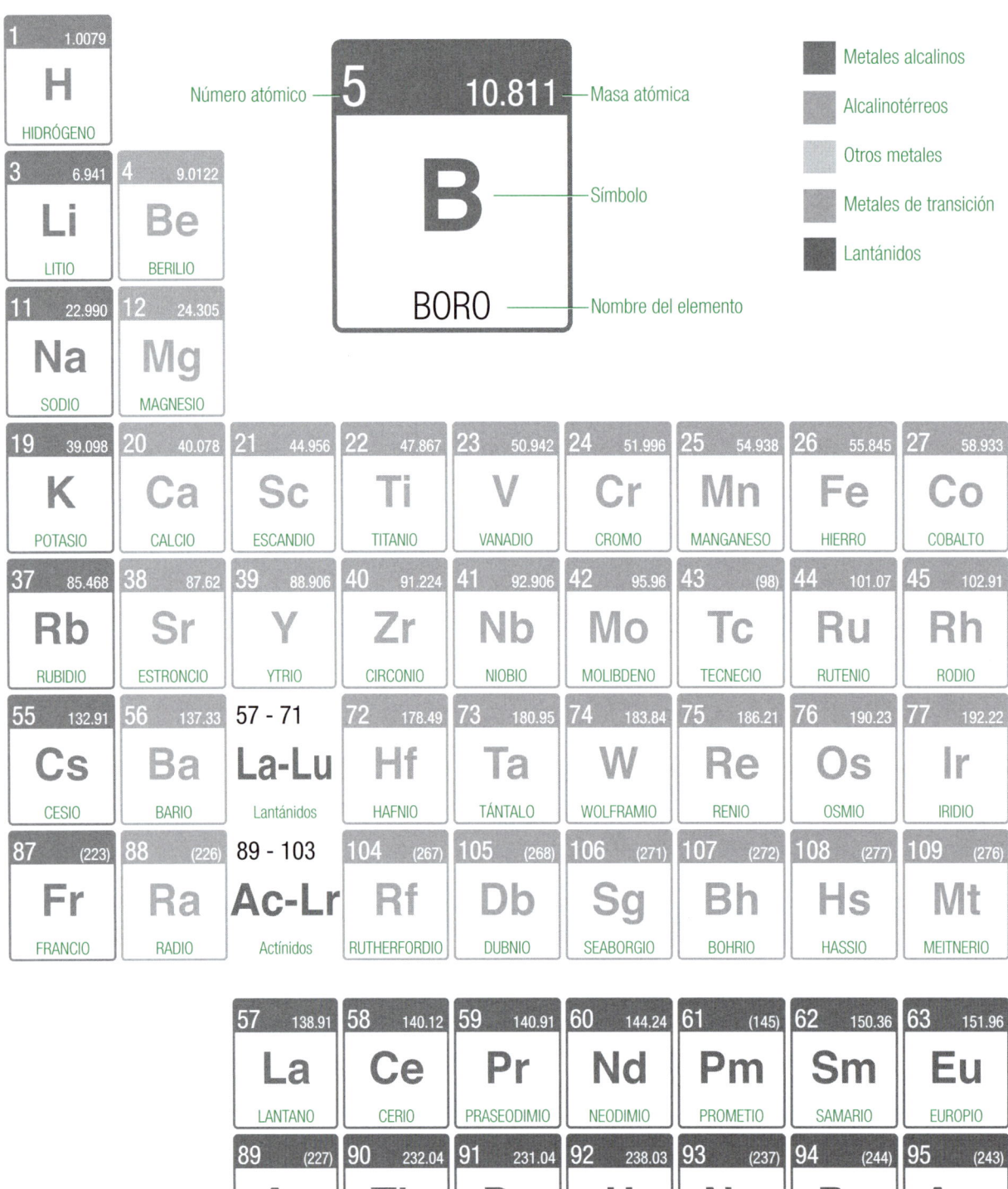

Número atómico — 5   10.811 — Masa atómica

B — Símbolo

BORO — Nombre del elemento

Leyenda:
- Metales alcalinos
- Alcalinotérreos
- Otros metales
- Metales de transición
- Lantánidos

1 1.0079 **H** HIDRÓGENO	

3 6.941 **Li** LITIO	4 9.0122 **Be** BERILIO

11 22.990 **Na** SODIO	12 24.305 **Mg** MAGNESIO

19 39.098 **K** POTASIO	20 40.078 **Ca** CALCIO	21 44.956 **Sc** ESCANDIO	22 47.867 **Ti** TITANIO	23 50.942 **V** VANADIO	24 51.996 **Cr** CROMO	25 54.938 **Mn** MANGANESO	26 55.845 **Fe** HIERRO	27 58.933 **Co** COBALTO
37 85.468 **Rb** RUBIDIO	38 87.62 **Sr** ESTRONCIO	39 88.906 **Y** YTRIO	40 91.224 **Zr** CIRCONIO	41 92.906 **Nb** NIOBIO	42 95.96 **Mo** MOLIBDENO	43 (98) **Tc** TECNECIO	44 101.07 **Ru** RUTENIO	45 102.91 **Rh** RODIO
55 132.91 **Cs** CESIO	56 137.33 **Ba** BARIO	57 - 71 **La-Lu** Lantánidos	72 178.49 **Hf** HAFNIO	73 180.95 **Ta** TÁNTALO	74 183.84 **W** WOLFRAMIO	75 186.21 **Re** RENIO	76 190.23 **Os** OSMIO	77 192.22 **Ir** IRIDIO
87 (223) **Fr** FRANCIO	88 (226) **Ra** RADIO	89 - 103 **Ac-Lr** Actínidos	104 (267) **Rf** RUTHERFORDIO	105 (268) **Db** DUBNIO	106 (271) **Sg** SEABORGIO	107 (272) **Bh** BOHRIO	108 (277) **Hs** HASSIO	109 (276) **Mt** MEITNERIO

57 138.91 **La** LANTANO	58 140.12 **Ce** CERIO	59 140.91 **Pr** PRASEODIMIO	60 144.24 **Nd** NEODIMIO	61 (145) **Pm** PROMETIO	62 150.36 **Sm** SAMARIO	63 151.96 **Eu** EUROPIO
89 (227) **Ac** ACTINIO	90 232.04 **Th** TORIO	91 231.04 **Pa** PROTACTINIO	92 238.03 **U** URANIO	93 (237) **Np** NEPTUNIO	94 (244) **Pu** PLUTONIO	95 (243) **Am** AMERICIO

DE LOS ELEMENTOS

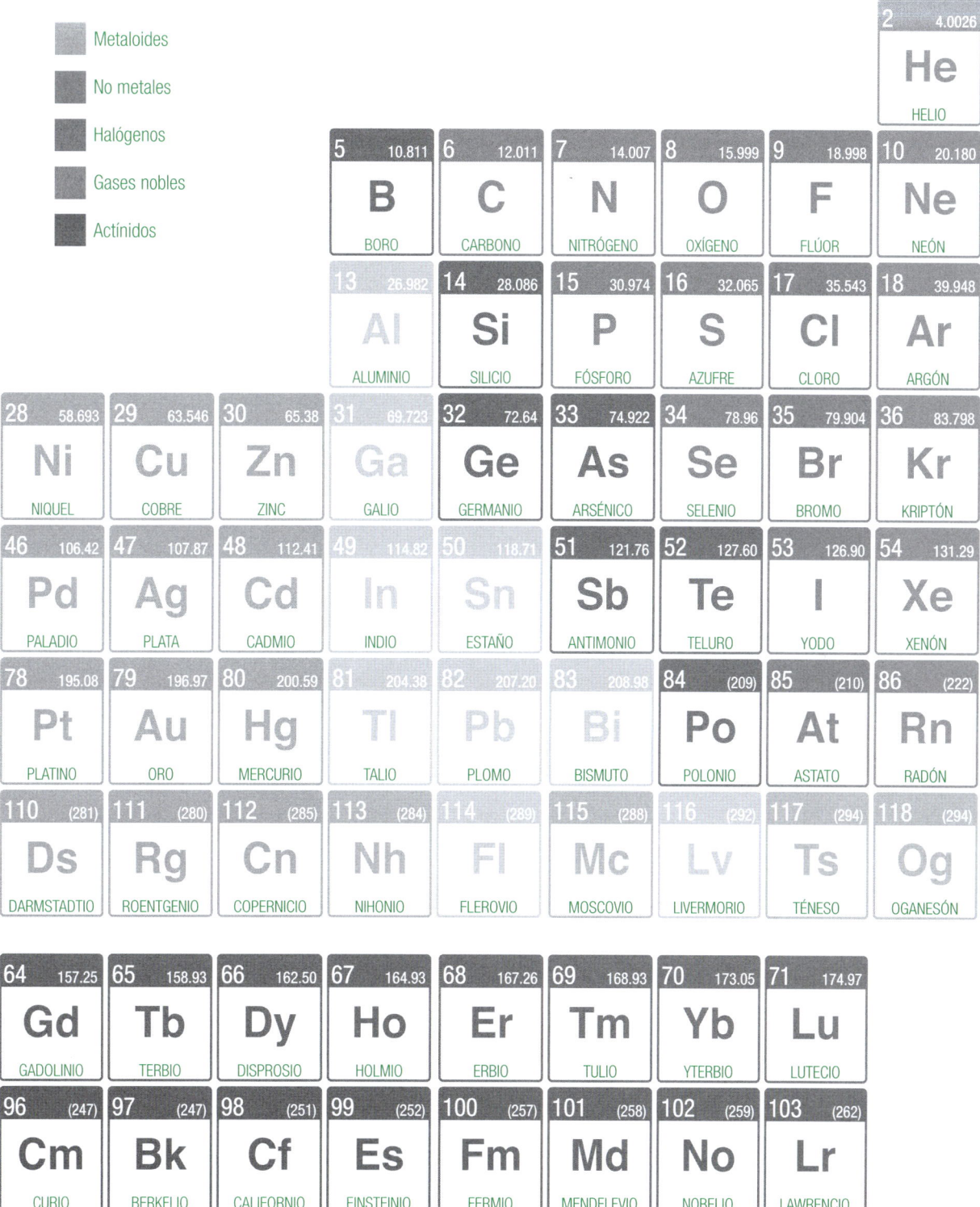

- Metaloides
- No metales
- Halógenos
- Gases nobles
- Actínidos

INTRODUCCIÓN

Durante años soñé con escribir este libro. Un libro de química que puedes usar tanto en secundaria como en tus años previos a ingresar en la universidad, con el que te enseñe a formular, disoluciones, estequiometría y otros conceptos de un modo ameno, divertido, con un lenguaje coloquial y que, a su vez, tiene asociado decenas de vídeos con explicaciones que te harán comprender la materia. "¿Un libro de química interactivo? Sí, se puede". Tienes en tu mano no solo un libro, sino un profesor particular que te ayudará a alcanzar tus metas educativas. La experiencia me dice que a veces la estequeometría y los factores de conversión se atascan un poco y las reacciones *redox* y termoquímica dan miedo, pero, lejos de que eso sea real, te invito a que comiences el libro con la idea de que son fáciles de entender. En poco tiempo, te convertirás en una persona experta en la materia que destacará en clase por sus notas en los exámenes y en la prueba de acceso a la universidad por obtener la nota deseada para entrar en la carrera con la que tanto tiempo llevas soñando. A lo largo del libro verás que hay muchos códigos QR que te llevarán a vídeos con explicaciones relacionadas con lo que estás viendo en ese momento; te animo a que los veas y hagas junto a mí los ejercicios que propongo en la pizarra. Gracias por dejar que sea tu profesor particular encerrado en un libro. Me siento muy afortunado de tener la mejor comunidad de Internet, de tal manera que muchas gracias a todos y cada uno que la forman y la formarán; gracias por el apoyo que recibo a diario, sois los culpables de que este libro sea posible. Gracias a aquellas personas que empezaron como compañeros de profesión y a día de hoy son amigos. Gracias también a esas personitas que empezaron como alumnos y alumnas y hoy son parte de mi círculo de amigos, aprendí mucho de docencia impartiendo vuestras clases. Familia y amigos, muchas gracias por estar ahí siempre. Y, por supuesto, **especial agradecimiento a mi madre, padre y hermana. Gracias por confiar en mí incondicionalmente y apoyarme en todo lo que hago. Gracias por la educación que me habéis dado y por hacer que cada día crezca como persona y como profesor.**

REDES SOCIALES

 https://youtube.com/LosProfesDeCiencias

 https://www.tiktok.com/@losprofesdeciencias

 https://www.instagram.com/losprofesdeciencias/

1 FORMULACIÓN INORGÁNICA

Cuando hablamos de química, a veces parece que estamos hablando en otro idioma, ¿verdad? Pero ¿y si te digo que nombrar compuestos químicos es como jugar con piezas de Lego? Solo necesitas conocer algunas reglas... ¡y luego puedes construir lo que quieras!

En química inorgánica, usamos tres formas diferentes de nombrar compuestos. Es lo que llamamos nomenclatura y son las siguientes:

1. **Nomenclatura sistemática o estequiométrica:** Indica cuántos átomos de cada elemento hay usando prefijos:

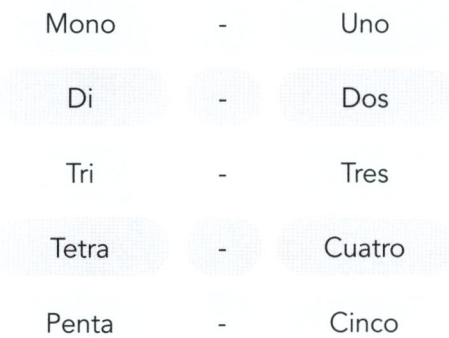

Mono	-	Uno
Di	-	Dos
Tri	-	Tres
Tetra	-	Cuatro
Penta	-	Cinco

...

Y se lee de derecha a izquierda.

Por ejemplo, el CO_2 se llama dióxido de carbono: dos oxígenos y un carbono.

2. **Nomenclatura de *stock*:** Quizás, es la más sencilla. Esta nomenclatura nos indica el estado de oxidación del elemento metálico con números romanos entre paréntesis.

Por ejemplo, en el $FeCl_2$, el hierro está con valencia 2, por lo que en *stock* se pondría como:

"Cloruro de hierro (II)"

Como curiosidad, te diré que, cuando un elemento solo tiene una valencia, no se pone el número de valencia entre paréntesis con números romanos. Se asume que se sabe la valencia al tener solo una.

En formulación es muy importante saberse bien las valencias, quizás es lo primero que se debe estudiar antes de empezar a formular y nombrar.

3. **Nomenclatura tradicional:** A día de hoy es la menos usada, pero aún aparece y ha de usarse en ácidos.

Para ello, usaremos los afijos hipo, -oso, -oso, -ico y per, -ico según el número de oxidación del metal siguiendo la siguiente norma:

1 valencia	2 valencias	3 valencias	4 valencias
-ico	-oso	Hipo-...-oso	Hipo-...-oso
	-ico	-oso	-oso
		-ico	-ico
			Per-...-ico

Siendo las acabadas en -oso las que se corresponden con los menores números de valencia, por ejemplo, el hierro tiene dos valencias: 2 y 3:

■ $FeCl_2$ también se le puede llamar "cloruro ferroso". Acaba en -oso porque está con la valencia 2, que es la más pequeña.

■ $FeCl_3$ también se le puede llamar "cloruro férrico". En esta ocasión, está con la valencia 3, que es la mayor, y por tanto acaba en -ico.

¡Muy importante!

Si al formular nuestro compuesto, observamos que las valencias con las que hemos trabajado son pares, ambas, hemos de simplificar nuestro compuesto. Es decir:

Sulfuro de berilio:

$Be_2S_2 \rightarrow$ Se dividen entre 2 $\rightarrow BeS$

Siempre que podamos debemos simplificar

Los compuestos que vamos a aprender son:

Hidruros metálicos	Hidruros no metálicos
Sales binarias	Óxidos
Peróxidos	Hidróxidos
Ácidos oxácidos	Sales ternarias

HIDRUROS METÁLICOS

Los hidruros son compuestos que se forman con la combinación de un metal con el hidrógeno, donde el hidrógeno actúa con número de oxidación −1.

Su fórmula general es:

$$XH_x$$

En la que la x que tiene el hidrógeno es la valencia con la que actúa el metal en ese compuesto. En el código QR te lo explico.

Por ejemplo:

Fórmula	Sistemática	Stock	Tradicional
NaH	Monohidruro de sodio	Hidruro de sodio	No se usa
CuH_2	Dihidruro de cobre	Hidruro de cobre (II)	No se usa
AuH_3	Trihidruro de oro	Hidruro de oro (III)	No se usa

Te dejo unos hidruros metálicos para que formules y nombres:

Fórmula	Sistemática	Stock
FeH_3		
PtH_4		
NiH_3		
AuH		
	Hidruro de cesio	
	Dihidruro de calcio	
	Trihidruro de cobalto	
	Dihidruro de cadmio	
		Hidruro de cobre (I)
		Hidruro de níquel (III)
		Hidruro de cinc
		Hidruro de oro (I)

HIDRUROS NO METÁLICOS

Los hidruros no metálicos son compuestos que se forman con la combinación de un no metal con el hidrógeno, donde el hidrógeno actúa con número de oxidación –1. Principalmente lo forman los elementos del grupo 16 (siempre con valencia 2) y los elementos del grupo 17 (siempre con valencia 1).

Su fórmula general es:

$$H_xX$$

En la que la x que tiene el hidrógeno es la valencia con la que actúa el no metal en ese compuesto. En el código QR te explico cómo se nombran y formulan con su nomenclatura en forma de ácido hídrico.

Ejemplo:

Fórmula	Sistemática	Stock	Tradicional
HCl	Cloruro de hidrógeno	Cloruro de hidrógeno	Ácido clorhídrico
H_2S	Sulfuro de dihidrógeno	Sulfuro de hidrógeno	Ácido sulfhídrico
HBr	Bromuro de hidrogeno	Bromuro de hidrógeno	Ácido bromhídrico

Te dejo unos hidruros no metálicos para que formules y nombres:

Fórmula	Sistemática	Stock	Tradicional
H_2Se			
	Bromuro de hidrógeno		
HF			
		Yoduro de hidrógeno	
H_2Te			

SALES BINARIAS

Las sales binarias son compuestos que se forman por la combinación de un no metal con un metal. Los no metales son principalmente elementos del grupo 16 (siempre con valencia 2) y los elementos del grupo 17 (siempre con valencia 1).

Su fórmula general es:

$$Y_xX_y$$

En la que la X será el no metal y la Y el elemento metálico. Por otro lado, x e y minúscula indica la valencia con la que actúan los elementos en el compuesto. En el código QR te explico cómo se nombran y formulan.

Por ejemplo:

Fórmula	Sistemática	Stock	Tradicional
$FeCl_2$	Dicloruro de hierro	Cloruro de hierro (II)	No se usa
BeS	Sulfuro de berilio	Sulfuro de berilio	No se usa
CoI_3	Triyoduro de cobalto	Yoduro de cobalto (III)	No se usa

Te dejo unas sales binarias para que formules y nombres:

Fórmula	Sistemática	Stock
$FeCl_3$		
	Bromuro de litio	
	Sulfuro de bario	
KI		
		Bromuro de cobalto (III)
		Cloruro de níquel (III)
$CaBr_2$		
	Cloruro de sodio	
	Sulfuro de magnesio	
KCl		
LiF		
	Dicloruro de magnesio	

ÓXIDOS

Los óxidos son compuestos que se forman por la combinación de oxígeno con cualquier otro elemento, donde el oxígeno siempre actúa con número de oxidación –2.

Su fórmula general es:

$$X_2O_x$$

En la que la x que tiene el oxígeno es la valencia con la que actúa el otro elemento en el compuesto. En el código QR te lo explico.

Por ejemplo:

Fórmula	Sistemática	Stock	Tradicional
MgO	Monóxido de magnesio	Óxido de magnesio	No se usa
CO_2	Dióxido de carbono	Óxido de carbono (II)	No se usa
Fe_2O_3	Trióxido de dihierro	Óxido de hierro (III)	No se usa

Te dejo unos óxidos para que formules y nombres:

Fórmula	Sistemática	Stock
CO		
	Óxido de disodio	
		Óxido de carbono (IV)
MgO		
	Óxido de calcio	
		Óxido de bario
	Trióxido de azufre	
		Óxido de hierro (II)
SO_2		
	Óxido de diplata	
		Óxido de silicio (IV)
N_2O_3		

PERÓXIDOS

Los peróxidos son compuestos que se forman por la combinación de oxígeno con cualquier otro elemento, pero en esta ocasión el oxígeno que se combina es O_2^{2-}.

Su fórmula general es:

$$X_2(O_2)_x$$

En la que la x que tiene el oxígeno es la valencia con la que actúa el otro elemento en el compuesto y únicamente se simplifica la x con el 2 que aporta el oxígeno. En el código QR te lo explico con ejemplos.

Por ejemplo:

Fórmula	Sistemática	Tradicional	Stock
H_2O_2	Dióxido de dihidrógeno	Peróxido de hidrógeno	Peróxido de hidrógeno
Na_2O_2	Dióxido de disodio	Peróxido de sodio	Peróxido de sodio
BaO_2	Dióxido de bario	Peróxido de bario	Peróxido de bario

Te dejo unos peróxidos para que formules y nombres:

Fórmula	Sistemática	Tradicional	Stock
Li_2O_2			
	Dióxido de hierro		
CaO_2			
		Peróxido de cromo	
Mn_2O_6			
	Dióxido de dilitio		
HgO_2			
Ag_2O_2			
			Peróxido de hierro (III)
ZnO_2			
			Óxido de níquel (III)

HIDRÓXIDOS

Los hidróxidos son compuestos que se forman con la combinación de un metal con el grupo hidroxilo OH^{-1}, donde el grupo hidroxilo actúa siempre con el número de oxidación –1.

Su fórmula general es:

$$X(OH)_x$$

En la que la x que tiene el grupo hidroxilo es la valencia con la que actúa el metal en ese compuesto. En el código QR te lo explico.

Por ejemplo:

Fórmula	Sistemática	Stock	Tradicional
NaOH	Hidróxido de sodio	Hidróxido de sodio	No se usa
$Co(OH)_2$	Dihidróxido de cobalto	Hidróxido de cobalto (II)	No se usa
$Fe(OH)_3$	Trihidróxido de hierro	Hidróxido de hierro (III)	No se usa

Te dejo unos hidróxidos para que formules y nombres:

Fórmula	Sistemática	Stock
		Hidróxido de níquel (III)
	Dihidróxido de cobre	
RbOH		
		Hidróxido de plata
$Co(OH)_3$		
$Pt(OH)_2$		
	Trihidróxido de hierro	
$Be(OH)_2$		
		Hidróxido de calcio
LiOH		
$Cd(OH)_2$		

ÁCIDOS OXÁCIDOS

Los ácidos oxácidos son compuestos que resultan de añadir una molécula de agua a un óxido. Aunque tengan un nombre muy feo, su formulación es muy sencilla si sigues estos pasos:

$$X_2O_x + H_2O$$

Obteniendo que su fórmula general es:

$$H_aX_bO_c$$

Es muy importante que, siempre que se pueda, simplifiques y tengas en cuenta que en esta ocasión usamos la nomenclatura tradicional. Te recomiendo que veas el vídeo del código QR; en él, te lo explico de un modo muy sencillo.

Por ejemplo:

Fórmula	Sistemática	Tradicional
H_2SO_4	Ácido tetraoxosulfúrico (VI)	Ácido sulfúrico
$HClO$	Ácido monoxoclórico (I)	Ácido hipocloroso
HNO_3	Ácido trioxonítrico (V)	Ácido nítrico

Te dejo unos ácidos oxácidos para que formules y nombres:

Fórmula	Sistemática	Tradicional
$HClO_3$		
		Ácido hiposulfuroso
$HBrO_4$		
		Ácido hipoyodoso
HIO		
		Ácido sulfuroso
HNO_2		
$Be(OH)_2$		Ácido carbónico

SALES TERNARIAS O TAMBIÉN LLAMADAS SALES OXISALES

Una sal ternaria, también conocida como oxisal, es un compuesto iónico compuesto por la combinación de un metal, un no metal y oxígeno. Se origina a partir de los ácidos oxiácidos, cuando los átomos de hidrógeno son reemplazados por cationes metálicos.

Grosso modo, su fórmula general es:

$$Y_a(X_bO_c)_y$$

Aunque parezcan complicadas, su formulación es algo muy sencillo si sigues los pasos que te indico en el vídeo que encontrarás en el código QR. Como en el caso anterior, es muy importante que, siempre que se pueda, simplifiques. Al igual que en ácidos, usamos la nomenclatura tradicional con una pequeña variante, ya que el sufijo -oso pasa a ser -ito y el sufijo -ico pasa a ser -ato. Te recomiendo que veas el vídeo del código QR, en él te lo explico de un modo muy sencillo.

Por ejemplo:

Fórmula	Sistemática	Tradicional
Li_2SO_4	Tetraoxosulfato (VI) de litio	Sulfato de litio
$Be(BrO)_2$	Bis-oxobromato (I) de berilio	Hipobromito de berilio
$NaNO_3$	Trioxonitrato (V) de sodio	Nitrato de sodio

Te dejo unas sales oxisales para que formules y nombres:

Fórmula	Sistemática	Tradicional
$NaClO$		
	Hidrogenotetraoxofosfato(V) de calcio	
$MgSO_4$		
		Perclorato de cadmio
Cs_2CO_3		
	Tetraoxoclorato(VII) de mercurio(II)	Ácido sulfuroso
$KClO_4$		
		Hipoyodito de magnesio
$Cd(NO_2)_2$		

2
FORMULACIÓN ORGÁNICA

¿Sabías que todo lo que comemos, vestimos o usamos a diario está lleno de química orgánica? Desde el chocolate hasta la gasolina, pasando por tu ADN, todos están formados por moléculas orgánicas.

¿Y qué tienen en común?

Que están basadas en el mismo átomo protagonista: el carbono.

El carbono es la columna vertebral de la química orgánica, un conector de piezas que puede unir a muchos otros átomos de formas muy variadas. Gracias a él, existen millones de compuestos orgánicos distintos.

Pero, claro, ¡sería un caos si no tuviéramos una forma de nombrarlos!

Aquí entra en juego la formulación orgánica, que no es otra cosa que el sistema que usamos para nombrar y escribir correctamente los compuestos orgánicos. Es como aprender un nuevo idioma, el idioma universal de las moléculas.

En este capítulo aprenderás a:

- Distinguir los distintos tipos de compuestos orgánicos, como alcanos, alcoholes o ácidos.

- Saber cómo se escriben sus fórmulas (moleculares y desarrolladas).

- Usar las reglas de la nomenclatura IUPAC, que es como la Real Academia de la Química.

- Identificar los grupos funcionales, que son los "accesorios" de las moléculas y les dan propiedades únicas.

    Pero no te preocupes, no necesitas ser un científico de laboratorio para entenderlo. Vamos a ir paso a paso, con ejemplos sencillos y ejercicios para practicar.

¡Vamos a ello!

Lo más importante a tener en cuenta en química orgánica es conocer la jerarquía de los grupos funcionales:

Prioridad	Grupo funcional	Nombre como SUFIJO (principal)	Nombre como PREFIJO (secundario)	Ejemplo de compuesto
1	Ácido carboxílico ($-COOH$)	-oico (ácido ...oico)	carboxi-	Ácido etanoico
2	Éster ($-COOR$)	-oato de ...ilo	alcoxicarbonil-	Etil etanoato
3	Amida ($-CONH_2$)	-amida	carbamoil-	Etanamida
4	Nitrilo ($-CN$)	-nitrilo	ciano-	Propanonitrilo
5	Aldehído ($-CHO$)	-al	formil-	Butanal
6	Cetona ($-CO-$)	-ona	oxo-	Propanona
7	Alcohol ($-OH$)	-ol	hidroxi-	Etanol
8	Amina ($-NH_2$)	-amina	amino-	Etilamina
9	Éter ($-O-$)	No tiene sufijo IUPAC	alcoxialcano-	Metoxietano
10	Halógeno ($-X$)	No tiene sufijo IUPAC	fluoro-, cloro-, bromo-, yodo-	Clorometano
11	Alquino ($\equiv$)	-ino	alquinil-	But-1-ino
12	Alqueno ($=$)	-eno	alquenil-	But-1-eno
13	Alcano ($-$)	-ano	alquil-	Butano

¿Cómo se usa esta tabla?

- El grupo con mayor prioridad será el grupo funcional principal, y se nombrará con el sufijo correspondiente.
- Los demás grupos se nombran como prefijos.
- Si hay varios grupos funcionales en la molécula, ¡la jerarquía manda!

Por ejemplo:

$$CH_3-CH(OH)-CH_2-COOH$$

- Tiene un grupo $-OH$ (alcohol) y un grupo $-COOH$ (ácido carboxílico).
- Según la tabla, el ácido carboxílico tiene prioridad: se nombra con el sufijo.
- El alcohol se nombra como prefijo: hidroxi-.

De este modo su nombre es: **ácido 3-hidroxibutanoico**.

Ahora bien, empezaremos por lo más básico

ALCANOS

Los alcanos son los compuestos orgánicos más simples. Están formados solo por carbono (C) e hidrógeno (H), y todos sus enlaces son simples, es decir, enlaces sencillos entre átomos de carbono.

NOMENCLATURA

Nombrar un alcano no es difícil si sigues tres reglas básicas:

1. Identifica la cadena principal. Busca la cadena más larga de átomos de carbono seguidos. Esa será tu cadena principal y determinará el nombre base del compuesto.

Número de carbonos	Prefijo	Nombre del alcano
1	met-	metano
2	et-	etano
3	prop-	propano
4	but-	butano
5	pent-	pentano
6	hex-	hexano
7	hept-	heptano
8	oct-	octano
9	non-	nonano
10	dec-	decano

Todos los nombres de los alcanos terminan en -ano.

2. Enumera la cadena desde el extremo más cercano a una ramificación. Si el alcano tiene ramas o cadenas laterales, numera los carbonos de la cadena principal de forma que las ramas tengan los números más bajos posibles.

3. Nombra las ramificaciones en caso de que la cadena principal las tenga.

   Las ramificaciones más comunes en los alcanos se llaman alquilo, y se forman al quitar un hidrógeno a un alcano. Se nombran con el mismo prefijo, pero terminan en -il.

Número de carbonos	Nombre del radical
1	metil
2	etil
3	propil
4	butil
5	pentil

Si hay varias ramas iguales, se usan los prefijos: di- (2), tri- (3), tetra- (4)...

En la siguiente tabla, tienes 10 ejemplos de alcanos, con su nombre y fórmula molecular:

Nombre del alcano	Fórmula molecular
Metano	CH_4
Etano	C_2H_6
Propano	C_3H_8
Butano	C_4H_{10}
Pentano	C_5H_{12}
Hexano	C_6H_{14}
Heptano	C_7H_{16}
Octano	C_8H_{18}
2-metilbutano	$\begin{array}{c} CH_3 \\ | \\ CH_3-CH-CH_2-CH_3 \end{array}$
3-etilhexano	$\begin{array}{c} CH_2-CH_3 \\ | \\ CH_3-CH_2-CH-CH_2-CH_2-CH_3 \end{array}$

Observa que los últimos dos tienen ramificaciones, un grupo metil y un grupo etil. En estos casos:

- 2-metilbutano: La cadena principal tiene 4 carbonos, un butano y hay una rama metil en el carbono 2.

- 3-etilhexano: La cadena principal tiene 6 carbonos (hexano) y una rama etil en el carbono 3.

Ha llegado el momento de que te pongas a prueba:

Nombra	Fórmula
4-etiloctano	$CH_3–CH_2–CH_3$
Etano	CH_3 | $CH_3–CH–CH_2–CH_3$
2-metilpropano	CH_2CH_3 | $CH_3–CH–CH_2–CH_3$
3-etilpentano	$CH_3–CH_2–CH_2–CH_2–CH_3$
Heptano	CH_3 | $CH_3–CH–CH_2–CH_2–CH_3$
2,3-dimetilbutano	CH_3 CH_3 | | $CH_3–CH–CH_2–CH_2–CH_3$
4-etil, 3-metiloctano	$CH_3–CH_2–CH_2–CH_3$
3,3-dimetilpentano	CH_3 CH_3 | | $CH_3–CH–CH–CH_2–CH_2– CH_2–CH_3$

ALQUENOS

Los alquenos son compuestos orgánicos formados por carbono e hidrógeno, como los alcanos, pero tienen una diferencia importante ya que presentan al menos un doble enlace $C=C$ entre dos carbonos.

Este doble enlace, $C=C$, es lo que les da su personalidad química. Los hace más reactivos y cambia su forma de nombrarlos.

NOMENCLATURA

1. Elige la cadena más larga que incluya el doble enlace. Esa será tu cadena principal, aunque haya otra más larga sin doble enlace.

2. Numera desde el extremo más cercano al doble enlace. El número más bajo debe indicar la posición del doble enlace, no de las ramificaciones.

3. Cambia la terminación -ano por -eno. El nombre del alqueno se forma igual que el de un alcano, pero cambiando -ano por -eno para indicar el doble enlace.

4. Especifica la posición del doble enlace. Se indica con el número del carbono donde empieza el doble enlace, justo antes del sufijo. Por ejemplo:

   ■ But-1-eno: El doble enlace empieza en el carbono 1.

   ■ Pent-2-eno: El doble enlace empieza en el carbono 2.

5. Nombra las ramificaciones si las hay. Igual que en los alcanos, se nombran como metil, etil, etc., con su número correspondiente.

Veamos un ejemplo:

$$CH_2CH_3$$
$$|$$
$$CH_3-CH_2-CH=CH-CH_2-CH_3$$
2-etilhex-3-eno

Es hora de practicar haciendo unos ejercicios.

1. Formula los siguientes alquenos:

   1) Propadieno

   2) 2-metil-1,3-butadieno

   3) 5-metil-3-propil-1,4,6-octatrieno

   4) 2-etil-1,3-nonadieno

   5) 3-etil-1,5-octadieno

   6) 3-etil-6-metil-2-octeno

   7) 4-metil-4-propil-2,5,7-decatrieno

   8) 2,3-dimetil-1,3-pentadieno

   9) 2,3,5-trimetil-1,4-octadieno

   10) 3-propil-1,5-octaadieno

2. Nombra los siguientes alquenos:

   1) $CH_2=CH_2$

   2) $CH_2=CH-CH_3$

   3) $CH_3-CH=CH-CH_3$

   4)
   $$CH_3$$
   $$|$$
   $$CH_2=CH-CH-CH_3$$

   5) $CH_3-CH_2-CH=CH-CH_3$

   6)
   $$CH_3$$
   $$|$$
   $$CH_3-C=CH-CH_2-CH_3$$

   7)
   $$CH_3 \quad CH_3$$
   $$| \quad \ |$$
   $$CH_3-C=C-CH_3$$

   8) $CH_3-CH_2-CH_2-CH=CH-CH_3$

   9) $CH_3-CH=CH-CH_2-CH_2-CH_3$

   10)
   $$CH_2CH_3$$
   $$|$$
   $$CH_3-CH-CH=CH-CH_2-CH_3$$

ALQUINOS

Los alquinos son hidrocarburos insaturados que tienen al menos un triple enlace entre dos átomos de carbono, $C\equiv C$. Como peculiaridad, te diré que en cuanto a jerarquía están por debajo que el doble enlace, algo que tenemos que tener en cuenta en la nomenclatura

NOMENCLATURA

Su nomenclatura se basa en la de los alcanos, pero en este caso terminan en -ino y tenemos que seguir las siguientes reglas básicas:

1. La cadena principal es la más larga que contenga el triple enlace.

2. Se numera desde el extremo más cercano al triple enlace.

3. El triple enlace se indica con su posición más baja posible.

4. Los sustituyentes, metil, etil, etc., se nombran como en los alcanos.

5. Si hay más de un triple enlace, se usan los prefijos -diino, -triino, etc.

Veamos unos ejemplos:

Etino $\rightarrow CH\equiv CH$

2 carbonos y un triple enlace. A este compuesto se le llama comúnmente acetileno.

But-1-ino $\rightarrow CH\equiv C-CH_2-CH_3$

4 carbonos, triple enlace en el carbono 1.

3-metilbut-1-ino $\rightarrow CH_3$
$$| $$
$$CH\equiv C-CH-CH_3$$

4 carbonos, triple enlace en el carbono 1 y una ramificación en el carbono 3.

Ponte a prueba formulando y nombrando los siguientes compuestos:

1. Formula estos compuestos:

   1) Etino

   2) But-1-ino

   3) Hexa-2-ino

   4) Penta-1-ino

   5) Penta-2-ino

   6) 1,3-hexadiino

   7) 1,3,5-heptatriino

   8) 3-etil-1,5-octadiino

   9) 7,7-dimetil-3-propil-1,5-decadiino

   10) 6,9-dietil-3-metil-1,4,7-duodecatriino

2. Nombra estos compuestos:

   1) $CH\equiv CH$

   2) $CH_3-C\equiv C-CH_3$

   3) $CH\equiv C-CH_2-CH_3$

   4) $CH_3-CH_2-C\equiv C-CH_2-CH_3$

   5)
$$\begin{array}{c} CH_3 \\ | \\ CH_3-CH-C\equiv CH \end{array}$$

   6)
$$\begin{array}{c} CH_3 \quad CH_2-CH_3 \\ | \qquad | \\ CH_3-C\equiv C-CH--CH-CH_3 \end{array}$$

   7) $CH\equiv C-CH=CH-CH_3$

   8) $CH_3-C\equiv C-CH_2-C\equiv CH$

   9)
$$\begin{array}{c} CH_2-CH_3 \\ | \\ CH_3-CH-CH_2-C\equiv CH \end{array}$$

   10)
$$\begin{array}{c} CH_3 \\ | \\ CH\equiv C-CH_2-CH-CH_2-CH_3 \end{array}$$

CÍCLICOS Y AROMÁTICOS. EL BENCENO

Los compuestos cíclicos son hidrocarburos cuyas cadenas de carbonos se cierran formando un anillo.

NOMENCLATURA

1. Se antepone el prefijo ciclo- al nombre del alcano correspondiente.

2. Se cuentan los carbonos del anillo para dar el nombre base.

3. Si hay sustituyentes, como metil, etil, etc., se indica su posición, empezando a contar desde el carbono donde haya una ramificación.

4. Si solo hay una ramificación, no hace falta numerar.

Veamos unos ejemplos:

- Ciclopropano: Ciclo de 3 carbonos.

- Metilciclopentano: Ciclo de 5 carbonos con un metil.

- 1,2-dimetilciclohexano: Ciclo de 6 carbonos con dos grupos metil.

¿Y LOS AROMÁTICOS?

El más importante de los compuestos aromáticos es el benceno, un anillo de 6 carbonos con tres dobles enlaces alternos. En este tipo de hidrocarburos es muy importante tener en cuenta que:

- El benceno es la base.

- Si tiene un sustituyente, se nombra como metilbenceno, clorobenceno, etc.

- Si hay dos sustituyentes, se indica su posición con números o con los prefijos:

  - orto- (1,2).

  - meta- (1,3).

  - para- (1,4).

De cara a practicar, formula estos compuestos:

1. Ciclopropano
2. 1-bromobenceno
3. Ciclobutano
4. 1,3-dimetilciclopentano
5. Metilciclopentano
6. Ciclohexano
7. 1,2-dimetilbenceno
8. 1-cloro-2-metilbenceno
9. Etilciclopropano
10. 3-etil-1,2-dimetilciclohexano

DERIVADOS HALOGENADOS

Los derivados halogenados son compuestos orgánicos que se forman al sustituir uno o más átomos de hidrógeno de un hidrocarburo por halógenos:

F (flúor), Cl (cloro), Br (bromo), I (yodo)

NOMENCLATURA

1. El halógeno actúa como un sustituyente, como si fuera una rama.

2. Se nombra con los prefijos:

   - fluoro-, cloro-, bromo-, yodo-.

3. Se indica su posición en la cadena principal con el número más bajo posible.

4. Se colocan por orden alfabético sin contar prefijos como di-, tri-, etc.

5. La cadena principal se nombra como un alcano, alqueno o alquino.

Veamos unos ejemplos:

- Clorometano: CH_3Cl.

- 1-bromopropano: $CH_3–CH_2–CH_2Br$.

- 2-cloropropano: $CH_3–CH(Cl)–CH_3$.

- 1,2-dibromoetano: $Br–CH_2–CH_2–Br$.

Es momento de que te pongas a prueba.

1. Formula estos compuestos:

   1) Bromometano

   2) 1-cloropropano

   3) 1-bromopropano

   4) 1,2-dibromopentano

   5) 2-bromo-2-metilbutano

   6) 1-cloro-3-metilhexano

   7) 2-cloro-2,3-dimetilpentano

   8) 1-cloro-2-yodohexano

2. Nombra estos compuestos:

   1) $CH_3–CH_2–Cl$

   2) $CH_3–CH_2–CH_2–Br$

   3) $CH_3–CHBr–CH_3$

   4) $CH_3–CH_2–CHCl–CH_3$

   5) $CH_2Br–CH_2Br$

   6)
$$CH_3$$
$$|$$
$$CH_3–C–CH_3$$
$$|$$
$$Br$$

ÉTERES

Los éteres son compuestos orgánicos donde dos grupos alquilo, es decir, cadenas de carbonos, están unidos por un átomo de oxígeno.

Un ejemplo clásico sería:

$$CH_3-O-CH_3 \rightarrow \text{Dimetiléter}$$

NOMENCLATURA

Hay dos formas de nombrar éteres; una es más sencilla y es muy usada en secundaria, y otra más avanzada sería la sistemática IUPAC.

Empecemos por la nomenclatura más sencilla:

- Se nombran los dos radicales R (orden alfabético).

- Se añade la palabra éter al final.

Por ejemplo:

$$CH_3-O-CH_2CH_3 \rightarrow \textbf{etil metil éter}$$

La nomenclatura IUPAC quizás sea la más formal:

1. Se considera la cadena más larga que va unida al oxígeno como principal.

2. El otro grupo unido al oxígeno se nombra como alcoxilo, es decir metoxi-, etoxi-, etc.

3. Se numera la posición del grupo alcoxilo.

Ejemplo:

$$CH_3-CH_2-O-CH_3 \rightarrow \text{1-metoxietano}$$

Veamos unos ejemplos de éteres:

Fórmula	Nombre común	Nombre IUPAC
CH_3-O-CH_3	dimetil éter	metoximetano
$CH_3-O-CH_2CH_3$	etil metil éter	1-metoxietano
$CH_3CH_2-O-CH_2CH_3$	dietil éter	etoxietano
$CH_3CH_2CH_2-O-CH_3$	metil propil éter	1-metoxipropano
$CH_3CH_2CH_2-O-CH_2CH_3$	etil propil éter	1-etoxipropano

De cara a practicar, te animo a que hagas los siguientes ejercicios:

1. Formula estos compuestos

   1) Etilfeniléter

   2) Butoxibutano

   3) Bencilfeniléter

   4) Metoxifenol

   5) Ciclopentilfeniléter

   6) Butil metil éter

   7) 1-etoxipropano

   8) 1-metoxibutano

   9) Etil isobutil éter

   10) 1-isopropoxibutano

2. Nombra estos compuestos:

   1) CH_3-O-CH_3

   2) $CH_3CH_2-O-CH_2CH_3$

   3) $CH_3-O-CH_2CH_3$

   4) $CH_3CH_2CH_2-O-CH_3$

   5) $CH_3CH_2CH_2CH_2-O-CH_3$

   6) $CH_3CH_2-O-CH_2CH_2CH_3$

AMINAS

Las aminas son compuestos derivados del amoniaco (NH_3), en los que uno, dos o tres hidrógenos han sido sustituidos por grupos alquilo, es decir, cadenas de carbonos. Las aminas se clasifican en:

Tipo	Estructura	Ejemplo
Primaria	$R-NH_2$	CH_3-NH_2 (metilamina)
Secundaria	$R-NH-R'$	$CH_3-NH-CH_3$ (dimetilamina)
Terciaria	R' | $R-N-R''$	CH_3 | CH_3-N-CH_3 (trimetilamina)'

NOMENCLATURA

Al igual que en los éteres, hay dos formas de nombrar aminas; una es más sencilla y es muy usada en secundaria, y otra más avanzada sería la sistemática IUPAC. La nomenclatura más sencilla es:

1. Se nombra la(s) cadena(s) alquilo en orden alfabético.

2. Se añade la palabra **amina**.

Veamos unos ejemplos:

- CH_3-NH_2: Metilamina.

- $CH_3-CH_2-NH_2$: Etilamina.

- $CH_3-NH-CH_3$: Dimetilamina

- $$CH_3$$
$$|$$
$CH_3-N-CH_2CH_3$: Etildimetilamina.

La nomenclatura IUPAC se hace así:

1. Se nombra la cadena principal como alcano.

2. Se considera el grupo $-NH_2$ como un sustituyente, llamado amino-.

3. Se indica su posición con un número.

Veamos un ejemplo:

$$NH_2$$
$$|$$
$$CH_3-CH-CH_3 \rightarrow \text{2-aminopropano}$$

De cara a practicar, te animo a que hagas los siguientes ejercicios.

1. Formula estas aminas:

   1) Trietilamina

   2) Pentilamina

   3) Metiletilamina

   4) Trimetilamina

   5) Tributilamina

   6) Dimetilamina

   7) Etilpropilamina

   8) Pentan-2-amina

   9) Dietilpropilamina

   10) Isopropilamina

   11) Ciclopentilamina

2. Nombra estos compuestos:

   1) CH_3-NH_2

   2) $CH_3CH_2-NH_2$

   3) $CH_3-NH-CH_3$

   4) $CH_3-CH_2-NH-CH_3$

   5) $(CH_3)_3N$

   6) $CH_3CH(NH_2)CH_3$

   7) $CH_3CH_2CH_2-NH_2$

   8) $CH_3CH_2CH(NH_2)CH_3$

   9) $CH_3CH_2CH_2-NH-CH_3$

   10) $CH_3CH(NH_2)CH_2CH_3$

ALCOHOLES

Los alcoholes son un grupo funcional clave en química orgánica y aparecen por todas partes desde las bebidas alcohólicas hasta los perfumes, medicamentos y productos de limpieza.

Los alcoholes son compuestos orgánicos que contienen uno o más grupos –OH (hidroxilo) unidos a átomos de carbono. Este grupo –OH es el que da al alcohol sus propiedades características.

Su fórmula general es:

R–OH, donde R es una cadena de carbonos.

Ejemplo: CH_3–OH → metanol

Se pueden clasificar por:

1. Número de grupos –OH:

Tipo de alcohol	Ejemplo
Monol (1 grupo OH)	CH_3CH_2OH (etanol)
Diol (2 grupos OH)	$HO–CH_2–CH_2–OH$ (etilenglicol)
Triol (3 grupos OH)	$CH_2OH–CHOH–CH_2OH$ (glicerina)

2. Tipo de carbono al que está unido el –OH:

Tipo	Descripción	Ejemplo
Primario	–OH unido a un C unido a 1 C más	CH_3CH_2OH (etanol)
Secundario	–OH unido a un C unido a 2 C más	$CH_3–CHOH–CH_3$ (isopropanol)
Terciario	–OH unido a un C unido a 3 C más	$(CH_3)_3COH$ (terc-butanol)

NOMENCLATURA

1. Se elige la cadena principal más larga que contenga el –OH.

2. Se numera desde el extremo más cercano al –OH.

3. Se cambia la terminación "-ano" del alcano base por "-ol".

4. Se indica con un número la posición del –OH, si es necesario.

5. Si hay sustituyentes (metil, etil...), se nombran y colocan alfabéticamente con su posición.

Veamos unos ejemplos en la tabla:

Fórmula	Nombre IUPAC
CH_3-OH	Metanol
CH_3CH_2-OH	Etanol
$CH_3CH_2CH_2-OH$	1-propanol
$CH_3-CHOH-CH_3$	2-propanol
$CH_3CH_2CH_2CH_2-OH$	1-butanol
$CH_3CH_2CH(OH)CH_3$	2-butanol
$HO-CH_2-CH_2-OH$	1,2-etandiol (etilenglicol)
$CH_2OH-CHOH-CH_2OH$	1,2,3-propantriol (glicerol)
$CH_3CH_2CH_2-O-CH_2CH_3$	etil propil éter

De cara a practicar, te animo a que hagas los siguientes ejercicios.

1. Formula estos alcoholes:

   1) 2-metil-2-pentanol
   2) 2,3-hexanodiol
   3) 1,2- Propanodiol
   4) 2-metil-3,3-heptanodiol
   5) 2-metil-3-hexen-1-ol
   6) 4-etil-2-hexen-1,5-diol
   7) 4-hepten-1-in-3-ol
   8) 2,3-dietilcicloheptanol
   9) 3-metil,1-ciclopentenol
   10) 4-hepten-1,2-diol

2. Nombra los siguientes compuestos:

   1) CH_3-OH
   2) CH_3-CH_2-OH
   3) $CH_3-CH_2-CH_2-OH$
   4) $CH_3-CHOH-CH_3$
   5) $CH_3-CH_2-CH_2-CH_2-OH$
   6) $HO-CH_2-CH_2-OH$
   7) $CH_3-CH(OH)-CH(OH)-CH_3$
   8) $CH_3-CH_2-CH(OH)-CH_3$
   9) $CH_3-CH(OH)-CH_2-CH_2-CH_2-CH_2-CH_3$
   10) $CH_2OH-CHOH-CH_2OH$

CETONAS

Las cetonas son compuestos orgánicos que contienen un grupo carbonilo (C=O) unido a dos átomos de carbono. Este grupo se llama grupo cetona y nunca está al final de la cadena, siempre en medio.

Su fórmula general es:

$$R-CO-R'$$

No debemos confundirlas con los aldehídos, que también tienen un grupo C=O, pero en los extremos de la cadena (R–CHO). Recuerda que las cetonas siempre están en medio de la cadena.

NOMENCLATURA

1. Se elige la cadena más larga que contenga el grupo C=O.

2. Se numera desde el extremo más cercano al grupo carbonilo.

3. Se sustituye la terminación -ano del alcano por -ona.

4. Se indica la posición del grupo C=O (si es necesario).

5. Si hay ramificaciones (como metil, etil...), se nombran con su posición.

Veamos unos ejemplos:

Fórmula	Nombre IUPAC
$CH_3-CO-CH_3$	Propanona (acetona)
$CH_3-CO-CH_2CH_3$	Butanona
$CH_3CH_2-CO-CH_2CH_3$	3-pentanona
$CH_3-CH_2-CH_2-CO-CH_3$	2-pentanona
$CH_3-CO-CH(CH_3)CH_3$	3-metilbutanona
$CH_3-CO-CH_2-CH_2-CH_2-CH_3$	2-hexanona
$CH_3-CO-CH_2-CH_2-CH_2-CH_3$	2-hexanona

De cara a practicar, te animo a que hagas los siguientes ejercicios.

1. Formula estas cetonas:

1) 1,4-heptanodiona

2) 1,6-octadien-3-ona

3) 4-metil-2-heptanona

4) 1,3-hexanodiona

5) 3,5-dihidroxi-2-hexanona

6) 3-oxobutanal

7) 3,6-dioxooctanodial

8) 2-etil-3-hidroxibutanal

9) 1,6-heptadien-3-ona

10) 2-etil-3,5-nonadiona

2. Nombra estas fórmulas:

1) $CH_3-CO-CH_3$

2) $CH_3-CO-CH_2CH_3$

3) $CH_3CH_2-CO-CH_2CH_3$

4) $CH_3-CH_2-CH_2-CO-CH_3$

5) $CH_3CH_2CH_2CH_2-CO-CH_3$

6) $CH_3CH_2CH_2-CO-CH_2CH_3$

7) $CH_3-CO-CH(CH_3)CH_3$

8) $CH_3-CO-CH_2-CH_2CH_3$

9) $CH_3CH_2-CO-CH(CH_3)CH_3$

10) $CH_3CH_2CH_2CH_2-CO-CH_2CH_3$

ALDEHÍDOS

Los aldehídos son compuestos orgánicos que contienen un grupo carbonilo (C=O), en este caso, siempre al final de la cadena. A diferencia de las cetonas, en los aldehídos el carbono del grupo C=O está unido a un hidrógeno y a un carbono.

Su fórmula general es:

$$R-CHO$$

Donde R es una cadena de carbonos.

¿Cómo reconocer un aldehído?:

- Tienen un grupo funcional: $-CHO$.

- El grupo carbonilo está en el carbono número 1, porque siempre va en el extremo.

- No se necesita indicar la posición del grupo funcional, porque siempre está en el extremo.

NOMENCLATURA

1. Se elige la cadena más larga que contenga el grupo $-CHO$.

2. Se sustituye la terminación -ano del alcano correspondiente por -al.

3. Si hay ramificaciones, se indican como en los alcanos, con número y nombre del sustituyente.

Veamos un ejemplo:

$$CH_3-CH_2-CH_2-CHO \rightarrow \text{butanal}$$

Tienes más ejemplos en la tabla:

Fórmula	Nombre IUPAC
$H-CHO$	Metanal
CH_3-CHO	Etanal
CH_3-CH_2-CHO	Propanal
$CH_3-CH_2-CH_2-CHO$	Butanal
$CH_3-CH(CH_3)-CHO$	2-metilpropanal
$CH_3-CH_2-CH(CH_3)-CHO$	2-metilbutanal
$CH_3-CH(CH_3)-CH_2-CHO$	3-metilbutanal
$CH_3-CH_2-CH_2-CH_2-CHO$	Pentanal
$CH_3-CH_2-CH_2-CH_2-CH_2-CHO$	Hexanal
$CH_3-CH(CH_3)-CH(CH_3)-CHO$	2,3-dimetilbutanal

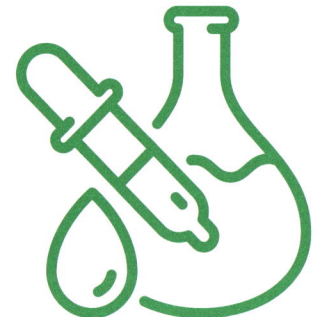

De cara a practicar, te animo a que hagas los siguientes ejercicios.

1. Formula estos aldehídos:

   1) Butanodial
   2) 2-metil-pentenal
   3) Hexanal
   4) 3-etil-2-pentenal
   5) 3-heptendial
   6) 3-etil-4-heptenal
   7) 3-propil-4-octinal
   8) 2,3-dimetilhexanodial
   9) Benzaldehído
   10) 3,5-dimetiloctanodial

2. Nombra estas fórmulas

   1) $H-CHO$
   2) CH_3-CHO
   3) CH_3CH_2-CHO
   4) $CH_3CH_2CH_2-CHO$
   5) $CH_3CH_2CH_2CH_2-CHO$
   6) $CH_3-CH(CH_3)-CHO$
   7) $CH_3CH_2-CH(CH_3)-CHO$
   8) $CH_3-CH(CH_3)-CH_2-CHO$
   9) $CH_3CH_2CH_2CH_2CH_2-CHO$
   10) $CH_3-CH(CH_3)-CH(CH_3)-CHO$

ÁCIDOS CARBOXÍLICOS

Los ácidos carboxílicos son compuestos orgánicos que contienen el grupo funcional –COOH, llamado grupo carboxilo. Este grupo está formado por un carbonilo (C=O) unido a un hidroxilo (–OH) en el mismo carbono.

Su fórmula general es:

$$R\text{–}COOH$$

Se encuentran de forma natural en frutas, vinagre, leche, grasas, y son responsables del sabor ácido de muchos alimentos.

NOMENCLATURA

1. Se parte del nombre del alcano principal, es decir, la cadena más larga que contiene el grupo –COOH.

2. Se elimina la terminación -o y se añade el sufijo -oico.

3. Se antepone la palabra "ácido".

Vemos unos ejemplos:

$$CH_3\text{–}COOH$$

→ Etano (2 carbonos)
→ Etanoico
→ Ácido etanoico

Fórmula	Nombre IUPAC
$H\text{–}COOH$	Ácido metanoico
$CH_3\text{–}COOH$	Ácido etanoico
$CH_3CH_2\text{–}COOH$	Ácido propanoico
$CH_3CH_2CH_2\text{–}COOH$	Ácido butanoico
$CH_3CH_2CH_2CH_2\text{–}COOH$	Ácido pentanoico
$CH_3\text{–}CH(OH)\text{–}COOH$	Ácido 2-hidroxipropanoico
$CH_3CH_2CH_2CH_2CH_2\text{–}COOH$	Ácido hexanoico
$CH_3CH_2CH_2CH_2CH_2CH_2\text{–}COOH$	Ácido heptanoico

¿Cómo reconocer un ácido carboxílico?:

- Siempre tienen el grupo –COOH.

- El grupo carboxilo se sitúa siempre al final de la cadena.

- No hace falta indicar su posición porque siempre está en el carbono 1.

De cara a practicar, te animo a que hagas los siguientes ejercicios.

1. Formula los siguientes ácidos carboxílicos

   1) Ácido 2etil-3-hentenoico

   2) Ácido 2-metil-3-octenoico

   3) Ácido 3-hexenodioico

   4) Ácido 3-etil-2-pentenoico

   5) Ácido 2-cloro-heptanoico

   6) Ácido 3-oxohepenoico

   7) Ácido 4-etil-2-heptenoico

   8) Ácido 3,4-dihidroxihexanodioico

   9) Ácido 3-metilbutanoico

   10) Ácido metanoico

2. Nombra los siguientes compuestos:

   1) $H-COOH$

   2) CH_3-COOH

   3) CH_3CH_2-COOH

   4) $CH_3CH_2CH_2-COOH$

   5) $CH_3CH_2CH_2CH_2-COOH$

   6) $(CH_3)_2CH-COOH$

   7) $CH_3CH(CH_3)CH_2-COOH$

   8) $CH_3-CH(OH)-COOH$

   9) $CH_3CH_2CH(Cl)-COOH$

   10) $CH_3CH(Br)CH_2-COOH$

TOMA AQUÍ TUS NOTAS

AMIDAS

Las amidas son compuestos orgánicos que contienen un grupo carbonilo ($C=O$) unido a un grupo amino ($-NH_2$, $-NHR$ o $-NR_2$). Se derivan de los ácidos carboxílicos, sustituyendo el grupo $-OH$ por un grupo amino.

Su fórmula general es:

$$R-CO-NH_2 \text{ (amida primaria)}$$

$$R-CO-NHR \text{ o } R-CO-NR_2 \text{ (amidas secundarias o terciarias)}$$

¿Cómo reconocer una amida?:

- Siempre tienen un grupo $C=O$ unido a un nitrógeno (N).

- El grupo funcional es $-CONH_2$ (para las primarias).

- Puede haber sustituyentes en el nitrógeno si es secundaria o terciaria.

NOMENCLATURA

Para amidas primarias:

1. Se elige la cadena más larga que contenga el grupo amida ($-CONH_2$).

2. Se nombra como si fuera un ácido carboxílico, pero terminando en -amida en lugar de -oico.

3. No hace falta indicar la posición: el grupo amida siempre va en el carbono 1.

Veamos un ejemplo:

$$CH_3-CONH_2 \rightarrow \text{etanamida}$$

$$\text{Deriva del ácido etanoico} \rightarrow \text{etanamida}$$

Para amidas secundarias o terciarias, si hay grupos en el nitrógeno, se indican con la letra N y su nombre.

Por ejemplo:

$$CH_3-CONHCH_3 \rightarrow \text{N-metiletanamida}$$

Veamos unos ejemplos:

Fórmula	Nombre IUPAC
$H-CONH_2$	Metanamida
CH_3-CONH_2	Etanamida
$CH_3-CH_2-CONH_2$	Propanamida
$CH_3-CH_2-CH_2-CONH_2$	Butanamida
$CH_3-CH(CH_3)-CONH_2$	2-metilpropanamida
$CH_3-CH_2-CH(CH_3)-CONH_2$	2-metilbutanamida
$CH_3-CONHCH_3$	N-metiletanamida
$CH_3-CON(CH_3)_2$	N,N-dimetiletanamida
$CH_3-CH_2-CONHCH_3$	N-metilpropanamida
$CH_3-CH_2-CH_2-CON(CH_3)_2$	N,N-dimetilbutanamida

De cara a practicar, te animo a que hagas los siguientes ejercicios.

1. Formula estas amidas:

   1) Etanamida

   2) Butanamida

   3) Metilhexanamida

   4) Dietilpropanamida

   5) 3-Oxoheptanamida

   6) 2-Metoxi-3-oxo-pentanamida

   7) Dimetilbutanamida

   8) Metilpen-2-enamida

2. Nombra estos compuestos:

   1) $H-CONH_2$

   2) CH_3-CONH_2

   3) $CH_3CH_2-CONH_2$

   4) $CH_3CH_2CH_2-CONH_2$

   5) $CH_3-CH(CH_3)-CONH_2$

   6) $CH_3CH_2-CH(CH_3)-CONH_2$

   7) $CH_3-CONHCH_3$

   8) $CH_3-CON(CH_3)_2$

   9) $CH_3CH_2-CONHCH_3$

   10) $CH_3CH_2CH_2-CON(CH_3)_2$

ÉSTERES

Los ésteres son compuestos orgánicos que se forman a partir de un ácido carboxílico y un alcohol, mediante una reacción llamada esterificación. Esta reacción produce un éster y agua:

Ácido + Alcohol → Éster + Agua

Su fórmula general es:

$$R-COO-R'$$

- R es la cadena que proviene del ácido.

- R' es la cadena que proviene del alcohol.

NOMENCLATURA

1. Primero, se nombra la parte que proviene del alcohol como un alquilo (metil, etil, propil...).

2. Después, se nombra la parte del ácido, cambiando el sufijo -oico por -oato.

En el vídeo del código QR te explico otro tipo de nomenclatura que te animo a que veas y compruebas su simpleza.

Por ejemplo:

Ácido etanoico + metanol → **metil etanoato**

$$CH_3-COOH + CH_3OH \rightarrow CH_3-COOCH_3$$

¿Cómo reconocer un éster?:

- Siempre tienen un grupo COO (carbonilo unido a un oxígeno que conecta con otra cadena).

- Son compuestos neutros, no tienen protones ácidos como los ácidos carboxílicos.

- Suelen tener olores agradables (a frutas, flores...).

Veamos unos ejemplos en la tabla:

Fórmula estructural	Nombre IUPAC
$CH_3-COOCH_3$	Metil etanoato
$CH_3CH_2-COOCH_3$	Metil propanoato
$CH_3-COOCH_2CH_2CH_3$	Propil etanoato
$CH_3CH_2CH_2-COOCH_2CH_3$	Etil butanoato
$CH_3-CH(CH_3)-COOCH_3$	Metil 2-metilpropanoato
$CH_3-COOCH(CH_3)_2$	Isopropil etanoato
$CH_3CH_2-COOCH(CH_3)_2$	Isopropil propanoato

De cara a practicar, te animo a que hagas los siguientes ejercicios.

1. Formula estos ésteres:

   1) Pentanoato de etilo

   2) Butanoato de metilo

   3) Metanoato de propilo

   4) Propanoato de butilo

   5) 3-Clorobutanoato de fenilo

   6) 2,3-Diclorohexanoato de fenilo

   7) Metanoato de metilo

   8) Etanoato de etilo

   9) Propinoato de metilo

   10) Benzoato de etilo

   11) Etanoato de butilo

   12) Pentanoato de propilo

2. Nombra los siguientes compuestos:

   1) $CH_3-COOCH_3$

   2) $CH_3-COOCH_2CH_3$

   3) $CH_3CH_2-COOCH_3$

   4) $CH_3CH_2CH_2-COOCH_2CH_3$

   5) $CH_3-CH(CH_3)-COOCH_3$

   6) $CH_3CH_2-COOCH(CH_3)_2$

   7) $CH_3CH_2CH_2-COOCH(CH_3)_2$

   8) $CH_3CH_2-COOCH_2CH_3$

   9) $CH_3-COOCH(CH_3)_2$

   10) $CH_3CH_2CH_2-COOCH_3$

3

DISOLUCIONES

Imagina que estás preparando un delicioso té con miel y limón. Viertes la miel en la taza y, con un poco de paciencia, observas cómo se disuelve lentamente en el agua caliente. Luego, agregas unas gotas de limón y el líquido cambia ligeramente de color. Sin darte cuenta, acabas de realizar un experimento químico: has creado una disolución.

Las disoluciones están en todas partes. Desde el bizcocho que comes en el desayuno hasta el aire que respiras, sí, el aire es una mezcla de gases, vivimos rodeados de soluciones químicas sin siquiera notarlo.

¿Alguna vez te has preguntado por qué la sal desaparece cuando la revuelves en el agua? ¿O cómo los perfumes logran dispersar su fragancia en el aire? Todo esto ocurre gracias a las disoluciones, procesos en los que una sustancia, el soluto, se mezcla de manera uniforme en otra que llamaremos disolvente, creando una mezcla homogénea.

Pero no hace falta ser un científico para experimentar con disoluciones. Piensa en una limonada bien fría en un día caluroso: agua, azúcar y zumo de limón se combinan perfectamente para crear una bebida refrescante; o en una salsa casera, donde los ingredientes se mezclan hasta volverse un todo inseparable. La industria también se basa en ellas: desde los medicamentos hasta los productos de limpieza, las disoluciones hacen que la vida sea más fácil y eficiente.

Este capítulo te llevará a descubrir el fascinante mundo de las disoluciones: qué son, cómo se forman, cómo se expresan y por qué son fundamentales en la química y en la vida cotidiana.

¡Prepárate para ver la ciencia con otros ojos... y quizás para experimentar con nuevas recetas en el camino!

¿QUÉ ES UNA DISOLUCIÓN?

Es una mezcla homogénea, es decir, aquella en la que los componentes se encuentran uniformemente distribuidos, formando agregados tan pequeños que no pueden ser distinguidos en el microscopio óptico. En un lenguaje más sencillo, es aquella en la que no se pueden distinguir los componentes que la forman.

Una disolución consta de dos partes:

- **Disolvente:** Aquel que se encuentra en mayor proporción.

- **Soluto:** El que se disuelve y, por tanto, se encuentra en menor proporción.

Cabe destacar que tanto el soluto como el disolvente pueden estar en los diferentes estados de agregación de la materia: sólido, líquido y gas. Es decir, podemos tener diferentes tipos de disoluciones según el estado de agregación y, lo que es más importante, en función del estado en el que se encuentren usaremos una expresión u otra de concentración.

¿Qué es la concentración de una disolución? Es la proporción que tenemos de soluto en relación a la cantidad total de la disolución. Es algo que resulta muy interesante, ya que permite que cualquier persona que quiera reproducir la disolución en cualquier parte del mundo lo podrá hacer sin duda alguna.

¿CÓMO EXPRESAR LA CONCENTRACIÓN DE UNA DISOLUCIÓN?

TANTO POR CIENTO EN MASA

$$\% \, en \, masa = \frac{masa \, soluto}{masa \, disolución} \cdot 100$$

Es muy importante distinguir entre disolvente y disolución. La masa de la disolución que encontramos en el denominador es la suma de la masa del soluto más la masa del disolvente.

$$masa \, disolución = masa \, soluto + masa \, disolvente$$

TOMA AQUÍ TUS NOTAS

En ocasiones, nos darán datos de una disolución en estado líquido y nos pedirán el tanto por ciento en masa, para lo cual necesitaremos hacer uso de la densidad.

$$densidad = \frac{masa\ disolución}{volumen\ disolución}$$

La mejor manera de comprender este tipo de concentración y comprobar su sencillez es haciendo un ejercicio.

Supongamos que disolvemos 15 gramos de NaOH (hidróxido de sodio) en 135 gramos de agua.

1. Calcular la masa total de la disolución:

   Masa total = masa del soluto + masa del solvente = 15 g + 135 g = 150 g

2. Aplicamos la fórmula:

$$\%\ en\ masa = \frac{15g\ de\ NaOH}{150g\ disolución} \cdot 100 = 10\ \%$$

Y ahora otro ejercicio en el que hagamos uso de la densidad.

¿Cuánta glucosa ($C_6H_{12}O_6$) necesitamos si queremos preparar 250 ml de una disolución al 15 % en masa de glucosa sabiendo que la densidad de la disolución es 1,05 g/ml?

Los pasos que tenemos que seguir son los siguientes:

1. Calcular la masa total de la disolución. Para ello, usamos la fórmula de densidad:

$$densidad = \frac{masa\ disolución}{volumen\ disolución}$$

Masa disolución = Densidad × Volumen disolución
Masa total = 1,05 g/ml × 250 ml = 262,5 g

2. Calcular la masa del soluto, la glucosa.

   Sabemos que la disolución es 15 % en masa, es decir:

$$\%\ en\ masa = \frac{masa\ glucosa}{masa\ de\ la\ disolución} \cdot 100 = 15\ \%$$

Despejamos la masa de la glucosa:

$$masa\ glucosa = \frac{masa\ disolución \cdot 15}{100}$$

$$masa\ glucosa = \frac{262,5 \cdot 15}{100} = 39,38\ g\ de\ glucosa$$

De este modo, para preparar 250 ml de una disolución al 15 % en masa de glucosa, necesitamos 39,38 g de glucosa y el resto será agua hasta completar los 250 ml.

TANTO POR CIENTO EN VOLUMEN

En cuanto veas la fórmula te darás cuenta de que es exactamente igual que el tanto por ciento en masa, pero en esta ocasión con volúmenes:

$$\% \ en \ volumen = \frac{volumen \ soluto}{volumen \ disolución} \cdot 100$$

Al igual que el caso anterior, el volumen de la disolución que encontramos en el denominador es la suma del volumen del soluto más el volumen del disolvente.

$$volumen \ disolución = volumen \ soluto + volumen \ disolvente$$

Hagamos un ejercicio.

Queremos preparar 500 ml de una disolución de etanol (C_2H_5OH) al 30 % en volumen en agua. Los pasos a seguir son:

1. Calcular el volumen de etanol.

    Sabemos que:

    $$\frac{volumen \ soluto}{volumen \ disolución} \cdot 100 = 30 \ \%$$

    Sustituimos el volumen de la disolución y despejamos el volumen del soluto:

    $$\frac{volumen \ soluto}{500 \ ml} \cdot 100 = 30 \ \%$$

    $$volumen \ soluto = \frac{30 \cdot 500}{100} = 150 \ ml \ de \ etanol$$

2. Calcular el volumen de agua (disolvente):

    $$volumen \ disolución = volumen \ soluto + volumen \ disolvente$$

    $$volumen \ del \ disolvente = 500 - 150 = 350 \ ml$$

De tal manera que para preparar 500 ml de una disolución al 30 % volumen de etanol en agua, se necesitan 150 ml de etanol y 350 ml de agua. Recuerda que siempre se mezcla soluto sobre disolvente.

Para comprender mejor este concepto, en el código QR tienes un vídeo en el que hay un ejemplo de tanto por ciento en masa y tanto por ciento en volumen. No dudes en visitarlo.

CONCENTRACIÓN EN MASA

¿Y si te digo que es quizás la más confusa?

Pero, tranqui, que te cuento el truco para nunca fallar.

Lo más importante de esta concentración es no confundirla con la densidad. Veamos ambas:

Concentración en masa	Densidad

$$[g/l] = \frac{masa\ soluto}{volumen\ disolución}$$

$$densidad = \frac{masa\ disolución}{volumen\ disolución}$$

Ambas tienen las mismas unidades, pero miden cosas diferentes.

La concentración en masa relaciona la masa de soluto que se disuelve en un determinado volumen de disolución, mientras que la densidad relaciona la masa de la disolución y el volumen que esta tiene.

Es muy importante comprender esta diferencia para no fallar en los cálculos.

Hagamos un ejercicio.

Supongamos que disolvemos 25 gramos de NaCl (cloruro de sodio) en 200 ml de agua y queremos calcular la concentración en masa de la disolución.

1. Convertir el volumen a litros:

$$200\ ml = 0,200\ l$$

2. Aplicar la fórmula:

$$\left[\frac{g}{l}\right] = \frac{25\ g\ NaCl}{0,2\ l} = 0,125\ g/l$$

Y ahora, para que afiancemos los conceptos, en el vídeo del código QR tienes un ejemplo en el que hago un ejercicio sobre el tema y, además, hablo de la diferencia entre este tipo de concentración y la densidad.

TOMA AQUÍ TUS NOTAS

MOLARIDAD Y MASA MOLAR

Esta concentración es quizás una de las más usadas y la que estoy convencido de que te saldrá antes o después en algún examen, por no decir que en la práctica totalidad de los exámenes de acceso a la universidad aparece.

Calcular este tipo de concentración es muy sencillo:

$$M = \frac{moles\ de\ soluto}{volumen\ disolución\ en\ litros}$$

Siempre que te digan que la concentración es, por ejemplo, 4 M, significa que hay 4 moles de soluto por litro de disolución. Se nombra "4 molar" y, en muchas ocasiones, este tipo de ejercicio viene de la mano con algún calculo relacionado con la densidad; de ahí que, una vez más, te comente la importancia de conocer bien la información que nos aporta la densidad.

Ahora bien, hagamos un breve recuerdo de cómo calcular el número de moles que indicaremos siempre con una letra "n" minúscula:

$$n = \frac{masa}{masa\ molecular}$$

Veamos un ejercicio.

En el laboratorio nos mandan a preparar 500 ml de una disolución de NaOH (hidróxido de sodio) con una concentración de 0,5 M y queremos saber cuántos gramos de NaOH necesitamos.

Los pasos a seguir son:

1. Calcular la masa molar del NaOH.

   Para el NaOH:

   ■ Na (sodio) = 23 g/mol.

   ■ O (oxígeno) = 16 g/mol

   ■ H (hidrógeno) = 1 g/mol

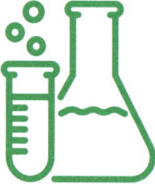

$$masa\ molar\ del\ NaOH = 23 + 16 + 1 = 40\ g/mol$$

2. Calcular los moles de NaOH necesarios.

   Usamos la fórmula de molaridad:

$$M = \frac{moles\ de\ soluto}{volumen\ disolución\ en\ litros}$$

Pasamos el volumen a litros, sustituimos y despejamos los moles de soluto:

$$500 \, ml \; = \; 0{,}5 \, l$$

$$0{,}5 = \frac{moles \; de \; soluto}{0{,}5 \, l}$$

$$moles \; de \; soluto \; = \; 0{,}5 \, M \cdot 0{,}5 \, l = 0{,}25 \, moles \; de \; NaOH$$

3. Calcular la masa de NaOH necesaria.

Usamos la fórmula:

$$n = \frac{masa}{masa \; molecular}$$

$$0{,}25 \; moles = \frac{masa}{40 \; g/mol}$$

$$masa \; de \; NaOH \; = \; 10 \; g$$

De esta manera, para preparar 500 ml de una disolución 0,5 M de NaOH, necesitamos 10 g de NaOH disueltos en agua hasta completar 500 ml de disolución.

FACTORES DE CONVERSIÓN

Si te piden hacer los cálculos con factores de conversión, no te preocupes porque, en el siguiente vídeo, donde veremos ejemplos resueltos tanto la molaridad como la molalidad, te haré una explicación tanto con factores de conversión como sin ellos.

TOMA AQUÍ TUS NOTAS

MOLALIDAD

Es una forma de expresar la concentración de una disolución que siempre la pondremos con una letra "m" minúscula. Se define como la cantidad de moles de soluto disueltos en 1 kilogramo de disolvente. A diferencia de la molaridad, que usa volumen de disolución, la molalidad se basa en la masa del disolvente.

Su fórmula es la siguiente:

$$m = \frac{moles\ de\ soluto}{masa\ del\ disolvente\ en\ kilogramos}$$

Veamos un ejemplo.

Supongamos que disolvemos 10 gramos de NaCl (cloruro de sodio) en 200 gramos de agua y nos piden calcular la molalidad.

1. Calcular los moles de soluto:

   - Masa molecular del NaCl = 58,5 g/mol

   - $moles\ de\ NaCl = \dfrac{10\ g}{58,5} = 0,171\ moles$

2. Convertir la masa del solvente a kilogramos:

   $200\ g = 0,2\ kg$

3. Aplicar la fórmula:

   $$m = \frac{0,171\ moles}{0,2\ kg} = 0,855\ m$$

Y ahora, para que afiancemos los conceptos, en el vídeo del código QR tienes dos ejemplos, uno de molaridad y otro de molalidad, en el que también explico cómo resolverlos con factores de conversión.

NORMALIDAD

La normalidad, que escribiremos siempre con una letra "N" mayúscula, es otra forma de expresar la concentración de una disolución, pero en esta ocasión se basa en los equivalentes de soluto en lugar de los moles. No es muy común que nos la pregunten, pero quiero que tengas a tu disposición todo tipo de concentraciones.

Se define como:

$$N = \frac{equivalentes\ de\ soluto}{litros\ de\ disolución}$$

La normalidad se usa comúnmente en reacciones ácido-base y de oxidación-reducción, ya que considera la capacidad del soluto para reaccionar.

Veamos un ejemplo.

Supongamos que tenemos 25 gramos de H_2SO_4 (ácido sulfúrico) disueltos en 250 ml de disolución y nos piden calcular su normalidad.

1. Calcular los equivalentes de soluto.

    La masa molecular del H_2SO_4 es 98 g/mol y cada molécula de H_2SO_4 aporta 2 equivalentes, ya que tiene dos protones H^+.

    - Moles de H_2SO_4:

    $$n = \frac{25\ g\ H_2SO_4}{98\ g/mol} = 0{,}25\ moles\ de\ H_2SO_4$$

    - Equivalentes de H_2SO_4:

    $$0{,}25\ moles\ de\ H_2SO_4 \times 2 = 0{,}5\ equivalentes$$

2. Convertir el volumen de la disolución a litros:

    $$250\ ml = 0{,}250\ l$$

3. Aplicamos la fórmula:

    $$N = \frac{0{,}5\ equivalentes}{0{,}250\ l} = 2\ N$$

EJERCICIOS PARA PRACTICAR

1. Se disuelven 15 g de KCl (cloruro de potasio) en 135 g de agua. ¿Cuál es el porcentaje en masa de la sal en la solución?

2. Se preparan 250 g de una solución de azúcar en agua con un 20 % en masa de azúcar. ¿Cuánta azúcar y cuánta agua hay en la solución?

3. Se mezclan 30 ml de etanol con 120 ml de agua. ¿Cuál es el porcentaje en volumen de etanol en la solución?

4. Se preparan 500 ml de una solución de ácido acético con un 25 % en volumen. ¿Cuánto ácido acético y cuánta agua se usaron?

5. Se disuelven 40 g de NaCl en 160 g de agua. Calcula la concentración en masa (g/l) si la densidad de la solución es 1,1 g/ml.

6. ¿Cuál es la molaridad de una solución preparada disolviendo 58,5 g de NaCl en 500 ml de agua?

7. ¿Cuántos gramos de H_2SO_4 se necesitan para preparar 2 l de una solución 0,5 M?

8. Factores de conversión

   Haciendo uso de factores de conversión, convierte cada una a unidades del S. I.

   a) 125 km/h.

   b) 23 g/cm^2.

   c) 260 cm/min.

   d) 15 días.

   e) 48 cg·cm/s.

   f) 48 hg/dm^3.

   g) 185 km/h.

   h) 6 mg/dm^2.

   i) 340 dag/l.

   j) 442 m/h.

9. Determina la normalidad de una solución de H_2SO_4 0,5 M.

10. ¿Cuál es la normalidad de una solución de 1,5 M de NaOH?

4 ESTEQUIOMETRÍA

¿Alguna vez has seguido una receta para cocinar un bizcocho? "200 gramos de harina, 2 huevos, 100 gramos de azúcar...". Si usas demasiada harina, el bizcocho queda seco. Si te pasas con el azúcar, empalaga. Y, si te olvidas los huevos, ni siquiera sube. Cocinar tiene sus proporciones, sus cantidades exactas... y la química también.

De esto precisamente se encarga la estequiometría, el arte de medir cantidades en una reacción química. Aquí no hablamos de cucharadas ni de tazas, sino de átomos, moléculas, moles y masas. Pero el concepto es el mismo, ya que queremos saber cuánto necesitas de cada "ingrediente" para que la reacción ocurra tal como esperas, sin que sobre ni falte nada.

En este capítulo vas a descubrir que las reacciones químicas no son un caos de sustancias mezclándose al azar. Todo lo contrario: funcionan con una precisión matemática casi mágica, como si cada átomo supiera exactamente a dónde ir y en qué cantidad.

Verás que, detrás de una simple ecuación química, se esconde una historia de proporciones perfectas. Aprenderás a:

- Interpretar ecuaciones químicas como si fueran instrucciones de un experimento.

- Calcular cuánta sustancia necesitas para que la reacción funcione.

- Predecir qué cantidad de producto se obtiene a partir de unos reactivos concretos.

- Descubrir cómo todo esto se aplica en la vida real, que va desde fabricar medicamentos hasta lanzar cohetes al espacio.

Y lo mejor es que lo haremos paso a paso, con ejemplos sencillos, ejercicios prácticos y comparaciones que te harán pensar: "¡Oye, esto tiene sentido!".

Si alguna vez te preguntaste cómo los científicos saben exactamente cuánta gasolina necesita un cohete para despegar o cuánto jabón puedes hacer con una cantidad de aceite, la respuesta está aquí: en la estequiometría.

¿CÓMO AJUSTAR REACCIONES QUÍMICAS?

No se puede empezar de otra manera que por lo más sencillo y quizás más importante de la estequeometría: ¿cómo ajustar reacciones químicas?

Ajustar una reacción química es como buscar la manera de que una balanza se equilibre. Las pesas de la balanza son los átomos, y nuestro objetivo es que la cantidad de cada tipo de átomo sea la misma en los reactivos y en los productos. Esto se debe a la ley de conservación de la masa, que dice que la materia no se crea ni se destruye, solo se transforma.

Los pasos que vamos a seguir a la hora de ajustar una reacción química son los siguientes:

- **Paso 1:** Escribe la reacción sin ajustar:

$$H_2 + O_2 \rightarrow H_2O$$

Ahora, contamos átomos tanto en reactivos como en productos:

- **En los reactivos:** Hay 2 átomos de H y 2 átomos de O.

- **En los productos:** Hay 2 átomos de H y 1 átomo de O.

Algo no cuadra. Necesitamos ajustar la reacción.

- **Paso 2:** Ajusta los átomos.

Primero, ajustamos el oxígeno. Como hay O_2 en los reactivos (esto significa que hay 2 oxígenos) y solo 1 en el agua, vamos a poner un 2 delante del agua:

$$H_2 + O_2 \rightarrow 2H_2O$$

Ahora, tenemos:

- **Reactivos:** 2 H y 2 O.

- **Productos:** 4 H y 2 O.

El oxígeno ya está bien, pero el hidrógeno no, ya que hay 4 en los productos y solo 2 en los reactivos. Es fácil de arreglar poniendo un 2 delante del H_2:

$$2H_2 + O_2 \rightarrow 2H_2O$$

Ahora sí:

- 4 H en ambos lados.

- 2 O en ambos lados.

Reacción ajustada correctamente.

En ocasiones, ajustar una reacción química puede complicarse, pero hay un método que nunca falla: el método matemático. En el código QR te explico cómo se hace. Lo bueno que tiene este método es que se puede aplicar a cualquier reacción química; no dudes en echarle un vistazo al vídeo.

Ahora que sabemos ajustar reacciones químicas ha llegado el momento de dominar los **factores de conversión**.

¿Te imaginas tener una herramienta que te permita convertir casi cualquier cosa en otra? No hablo de magia, sino de uno de los trucos más útiles y lógicos en química que no deja de ser otro que los factores de conversión. Son como puentes que te ayudan a pasar de una unidad a otra sin perderte en el camino. ¿Gramos a moles? ¿Litros a partículas? ¿Minutos a segundos? ¡Todo es posible!

¿QUÉ ES UN FACTOR DE CONVERSIÓN?

Un factor de conversión es una fracción que equivale a 1, pero escrita de una forma con la que puedes cambiar de unidades. Por ejemplo, sabemos que:

$$1 \text{ metro} = 100 \text{ centímetros}$$

Entonces, el factor de conversión puede escribirse así:

$$\frac{100 \; cm}{1 \; m} \quad o \quad \frac{1 \; m}{100 \; cm}$$

Ambos valen 1, pero, dependiendo de la unidad que quieras eliminar, usarás uno u otro. Esa es la clave: usar el factor que anule la unidad que tienes y te deje la que quieres.

¿CÓMO SE USA UN FACTOR DE CONVERSIÓN?

Veamos un ejemplo simple. Queremos pasar 2,5 metros a centímetros:

$$2,5 \; m \cdot \frac{100 \; cm}{1 \; m} = 250 \; cm$$

Recuerda que el truco está en poner arriba en la fracción del factor de conversión la unidad a la que quieres llegar, de esta manera el "metro" se va (se tacha, se anula) y nos queda la unidad que queríamos: centímetros. ¡Así de fácil!

En química, trabajamos con muchas unidades: gramos, moles, litros, moléculas..., y tenemos que pasar de unas a otras constantemente. Para eso, usamos factores de conversión como:

- **Masa ↔ Moles:** Usamos la masa molar.

- **Moles ↔ Partículas:** Usamos el número de Avogadro.

- **Volumen ↔ Moles (gases):** A condiciones normales, 1 mol = 22,4 l.

Veamos un ejemplo. ¿Cuántos moles hay en 36 gramos de agua?

Calculamos la masa molar del agua, que es 18 g/mol:

$$36 \; g \; H_2O \cdot \frac{1 \; mol \; H_2O}{18 \; g \; H_2O} = 2 \; mol \; de \; H_2O$$

¿CÓMO ENCADENAR FACTORES DE CONVERSIÓN?

A veces, tienes que usar más de un factor seguido. No pasa nada. Solo asegúrate de que cada unidad se vaya "cancelando" hasta llegar a la que necesitas. Recuerda: lo que quiero conseguir lo pongo en el numerador de la fracción.

Veamos un ejemplo. ¿Cuántas moléculas hay en 4,5 gramos de helio (He)?

Datos que necesitamos conocer:

1. Masa molar del He: 4 g/mol.

2. Número de Avogadro: $6,022 \times 10^{23}$.

Ahora ya solo nos queda convertir las unidades con factores de conversión:

$$4,5 \; g \; He \cdot \frac{1 \; mol \; He}{4 \; g \; He} \cdot \frac{6,022 \times 10^{23} moléculas}{1 \; mol \; He} = 6,77 x 10^{23} moléculas$$

Ya estás en condiciones de empezar con **estequiometría**, pero...

¿QUÉ ES LA ESTEQUIOMETRÍA?

La estequiometría es como la balanza de la química. Nos dice cuántos gramos, moles, moléculas o litros necesitamos de una sustancia para reaccionar con otra y la cantidad de productos que obtendremos. Y todo eso se basa en una reacción química bien ajustada y en hacer cálculos mediante factores de conversión, por lo que, una vez dominado lo anterior, verás que es muy sencillo.

En todo ejercicio de estequiometría los pasos a seguir son los siguientes. Trabajamos de nuevo con la reacción del agua:

$$H_2 + O_2 \rightarrow H_2O$$

PASO 1. AJUSTAR LA ECUACIÓN

Antes de hacer cualquier cálculo, la ecuación debe estar ajustada. Eso significa que hay el mismo número de átomos de cada elemento en los reactivos y en los productos.

$$2H_2 + O_2 \rightarrow 2H_2O$$

Una vez hemos ajustado la reacción, los coeficientes estequiométricos que les hemos asignado a la reacción al ajustar los átomos, nos dice que 2 moles de hidrógeno reaccionan con 1 mol de oxígeno para formar 2 moles de agua.

Los coeficientes nos dan la proporción entre sustancias. En el ejemplo anterior:

- 2 moles de H_2.

- 1 mol de O_2.

- 2 moles de H_2O.

Eso también se puede leer como:

$$4 \text{ g de } H_2 + 32 \text{ g de } O_2 \rightarrow 36 \text{ g de } H_2O$$

Sabemos que 1 mol de H_2 pesa 2 g y 1 mol de O_2 pesa 32 g de esta manera, con la ayuda del teorema de conservación de la masa sabemos que se forman 36 g de H_2O.

Ahora bien, veamos un ejemplo. ¿Cuántos gramos de agua se forman al reaccionar 6 gramos de hidrógeno con oxígeno suficiente?

Aquí entra en juego lo que ya conocemos: los factores de conversión. Convertimos gramos a moles, usamos las proporciones de la ecuación y volvemos a pasar a gramos, litros, moléculas..., según lo que nos pidan.

En nuestro ejemplo:

1. Pasamos los 6 g de H_2 a moles:

$$6 \ g \ H_2 \cdot \frac{1 \ mol \ H_2}{2 \ g \ H_2} = 3 \ mol \ de \ H_2$$

2. Usamos los coeficientes de la ecuación ajustada para saber cuántos moles de H_2O se forman:

$$3 \ mol \ de \ H_2 \cdot \frac{2 \ mol \ H_2O}{2 \ mol \ de \ H_2} = 3 \ mol \ de \ H_2O$$

3. Por último, pasamos de moles de agua a gramos de agua:

$$3 \ mol \ de \ H_2O \cdot \frac{18 \ g \ H_2O}{1 \ mol \ de \ H_2O} = 54 \ g \ de \ H_2O$$

De esta manera, sabemos que se forman 46 gramos de agua a partir de 6 gramos de hidrógeno gracias a la estequeometría.

Hay una manera de hacer este tipo de ejercicios ayudados de una tabla, que es la que te recomiendo hacer para tener toda la información del ejercicio organizada. En el ejercicio del código QR veremos el primer ejercicio de estequeometría y también repasaremos los factores de conversión.

La estequiometría es la forma de saber cuánta cantidad de cada sustancia interviene en una reacción. Con ella podemos:

- Predecir productos.

- Calcular rendimientos.

- Saber cuánto reactivo necesitamos o cuánto va a sobrar.

Es por ello que vamos a hacer los diferentes tipos de ejercicios que nos podemos encontrar en estequeometría.

El ejemplo anterior es el típico ejercicio de obtención de productos a partir de reactivos, pero puede que en el enunciado nos hablen de riqueza de los reactivos. De esta manera, hagamos un ejercicio para comprender y ver lo fácil que es este tipo de ejercicios. Lo tienes en el código QR.

Ahora bien, en ocasiones nos darán datos de los productos que se quieren conseguir y nos pregunten los reactivos que necesitamos para conseguir. Es el típico ejercicio de "delante hacia detrás". Veamos un ejemplo en el vídeo del código QR para que compruebes que es igual de fácil que el primero que hicimos.

Hemos llegado al momento más interesante del capítulo, el **reactivo limitante**. Quizás, al principio es difícil de comprender, por lo que te propongo que pienses en hamburguesas: ¿qué se acaba primero?

Imagina que estás montando hamburguesas en una fiesta. Tienes:

- 10 panes.

- 8 hamburguesas.

- 12 lonchas de queso.

Cada hamburguesa necesita 1 pan, 1 hamburguesa y 1 loncha de queso. ¿Cuántas hamburguesas completas puedes hacer?

En efecto, solo puedes hacer 8 hamburguesas, porque, aunque tengas más pan y queso, lo que se te acaba primero son las hamburguesas. Y, una vez se terminan, no puedes seguir haciendo más.

Eso que se termina antes, aunque tengas de sobra de lo demás, es lo que en química llamamos reactivo limitante. Es la sustancia que determina cuánto producto se puede formar, porque, cuando se agota, la reacción se detiene.

Hagamos un ejemplo sencillo: se mezclan 10 g de H_2 con 96 g de O_2 para formar agua según la siguiente ecuación:

$$H_2 + O_2 \rightarrow H_2O$$

¿Cuál es el reactivo limitante? ¿Cuántos moles de agua se formarán? ¿Cuántos moles del reactivo en exceso sobran?

■ **Paso 1:** Ajustar la reacción:

$$2H_2 + O_2 \rightarrow 2H_2O$$

■ **Paso 2:** Nos fijamos en la relación estequiométrica.

La ecuación dice que por cada 2 moles de H_2 se necesita 1 mol de O_2.

Entonces lo siguiente que debemos hacer es calcular los moles de los reactivos:

$$10 \; g \; H_2 \cdot \frac{1 \; mol \; H_2}{2 \; g \; H_2} = 5 \; mol \; de \; H_2$$

$$96 \; g \; O_2 \cdot \frac{1 \; mol \; O_2}{32 \; g \; O_2} = 3 \; mol \; de \; O_2$$

Ahora bien, haciendo uso de los coeficientes estequeométricos, si tenemos 5 moles de H_2, necesitarías:

$$5 \; mol \; de \; H_2 \cdot \frac{1 \; mol \; O_2}{2 \; mol \; de \; H_2} = 2,5 \; mol \; de \; O_2$$

Buenas noticias: tenemos 3 moles de O_2, de tal manera que hay suficiente oxígeno, por lo que, desde este momento, sabemos que el H_2 es el que se acaba primero y, por tanto, es el reactivo limitante. Piensa siempre que el reactivo limitante es aquel que se gasta por completo.

Ahora vamos con la siguiente pregunta: ¿cuántos moles de agua se forman?

La ecuación dice que 2 moles de H_2 producen 2 moles de H_2O. Es en este momento cuando tenemos que tener **muy claro** que desde ahora los cálculos estequeométricos se harán **siempre** con el reactivo limitante. Entonces, con 5 moles de H_2 se formarán:

$$5 \; mol \; de \; H_2 \cdot \frac{2 \; mol \; H_2O}{2 \; mol \; de \; H_2} = 5 \; mol \; de \; H_2O$$

Se forman 5 moles de H_2O.

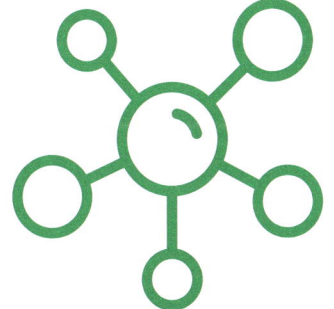

Ahora respondemos a otra pregunta clásica, muy común en exámenes: ¿cuánto oxígeno sobra?

Si se usan 5 moles de H_2, se consumen 2,5 moles de O_2 como calculamos anteriormente. Ahora bien, como había 3 moles de O_2:

$$3 \; mol \; de \; O_2 \; inciales - 2.5 \; mol \; de \; O_2 \, se \; gastan = 0.5 \; moles \; de \; O_2 \; quedan$$

¿Qué te parece si hacemos un ejercicio de pizarra juntos? En el código QR tienes un ejercicio similar explicado con un vídeo.

Y, por último, nos queda aprender qué es el rendimiento; para que nos hagamos una idea, esto pasa cuando la realidad no llega al 100 %.

En el mundo ideal de los libros, las reacciones químicas son perfectas. Mezclas las sustancias, esperas un cierto tiempo ¡y obtienes el producto justo que predice la ecuación!

Pero, en el laboratorio real, las cosas no son tan perfectas. A veces, se pierde un poco de producto; otras, reacciona menos cantidad de la que esperabas y, en algunas, se generan impurezas.

TOMA AQUÍ TUS NOTAS

Por eso existe el concepto de rendimiento, una forma de comparar cuánto producto "esperabas" obtener (teóricamente) con cuánto obtuviste realmente en la práctica.

Para ello usamos la siguiente fórmula:

$$Rendimiento\ (\%) = \frac{Cantidad\ real\ obtenida}{Cantidad\ teórica\ esperada}\ x100$$

Antes de nada, veamos un ejemplo cotidiano. Imagina que quieres hacer 10 galletas. La receta dice que, con los ingredientes que tienes, deberían salir exactamente 10 galletas. Pero, en la vida real, una se quema y otra se rompe, por lo que al final solo te salen 8 galletas comestibles.

Entonces:

$$Rendimiento\ (\%) = \frac{8\ galletas\ obtenidas}{10\ galletas\ esperados}\ x100 = 80\%$$

Esto pasa también con las reacciones químicas.

Hagamos un ejercicio relacionado con rendimiento en la formación de agua que nos acompaña en este capítulo.

Queremos formar agua con la siguiente reacción:

$$2H_2 + O_2 \rightarrow 2H_2O$$

Se parte de suficiente cantidad de hidrógeno y oxígeno, y se espera obtener 36 g de agua. Sin embargo, en el laboratorio solo se recogen 30 g de agua líquida. ¿Cuál fue el rendimiento de la reacción?

Aplicamos la fórmula:

$$Rendimiento\ (\%) = \frac{30\ g\ de\ H_2O\ obtenida}{36\ g\ de\ H_2O\ esperada}\ x100 = 83{,}33\ \%$$

Así de fácil y sencillo.

EJERCICIOS

1. Ajusta las siguientes reacciones químicas:

   a) $\_C_3H_8 + \_O_2 \rightarrow \_CO_2 + \_H_2O$

   b) $\_Al + \_O_2 \rightarrow \_Al_2O_3$

   c) $\_Fe + \_HCl \rightarrow \_FeCl_2 + \_H_2$

   d) $\_NaOH + \_H_2SO_4 \rightarrow \_Na_2SO_4 + \_H_2O$

   e) $\_CaCO_3 \rightarrow \_CaO + \_CO_2$

   f) $\_AgNO_3 + \_Cu \rightarrow \_Cu(NO_3)_2 + \_Ag$

2. Si reaccionan 12 g de magnesio (Mg) con exceso de oxígeno, ¿cuántos gramos de óxido de magnesio (MgO) se formarán?

$$Mg + O_2 \rightarrow MgO$$

   Datos:

   - Masa molar de Mg = 24 g/mol.
   - Masa molar de 0 = 16 g/mol.

3. Se mezclan 28 g de N_2 y 10 g de H_2. ¿Cuál es el reactivo limitante y cuántos gramos de amoníaco (NH_3) se obtendrán?

$$N_2 + H_2 \rightarrow NH_3$$

   Datos:

   - M. molar de N: 14 g/mol.
   - M. molar de H: 1 g/mol.

4. Al calentar 120 g de carbonato de calcio ($CaCO_3$), se obtienen 24 g de dióxido de carbono (CO_2) siguiendo la siguiente reacción:

$$CaCO_3 \rightarrow CaO + CO_2$$

   Sabiendo que la masa molar de $CaCO_3$ es 100 g/mol y la de CO_2 es 44 g/mol, calcula el rendimiento de la reacción.

5. Se mezclan 5,6 g de hierro (Fe) con 3,2 g de azufre (S) siguiendo la siguiente reacción química:

$$Fe + S \rightarrow FeS$$

   Se obtienen 7 g de sulfuro de hierro (FeS). Se pide calcular:

   1. El reactivo limitante.
   2. La cantidad teórica de FeS.
   3. El rendimiento de la reacción.

   Datos:

   - Fe: 56 g/mol.
   - S: 32 g/mol.

5 TERMODINÁMICA

¿Qué tienen en común una taza de café caliente, una hamburguesa en la parrilla y un móvil que se calienta mientras juegas? Aunque parezcan cosas muy distintas, todas tienen algo en común: intercambian energía. Y eso, en lenguaje científico, es hablar de "termodinámica".

La termodinámica es la parte de la química que estudia cómo se transforma la energía en los procesos que ocurren en el universo, es decir, cómo el calor se convierte en trabajo, cómo la energía fluye de un sitio a otro... y, sobre todo, por qué todo tiende a desordenarse con el tiempo. Sí, incluso tu habitación. En este capítulo, comprenderás por qué comienza a desordenarse justo en el instante en el que acabas de ordenarlo todo.

Hazte estas preguntas: ¿por qué un cubito de hielo se derrite?, ¿por qué una pizza recién salida del horno se enfría si no te la comes rápido?, ¿o por qué una bomba puede explotar si se libera demasiada energía de golpe? Todo esto se puede entender con las leyes de la termodinámica.

Este capítulo no es solo teoría, es una guía para entender cómo funciona el mundo a nivel energético. Vamos a descubrir:

- Qué es el calor y cómo se mide.

- Qué significa que una reacción sea exotérmica o endotérmica.

- Qué es la energía interna de un sistema.

- Qué papel juega la entropía, esa palabra rara que básicamente explica por qué todo se desordena.

- Y cómo estas ideas se usan para entender desde reacciones químicas hasta motores, baterías e incluso el metabolismo de tu cuerpo.

La termodinámica no es aburrida. Es, de hecho, una de las claves más profundas para entender el universo. Prepárate para ver cómo el calor, la energía y el desorden se conectan en un capítulo que te va a abrir los ojos ¡y te va a hacer mirar el mundo de una forma completamente nueva!

PRIMER PRINCIPIO DE LA TERMODINÁMICA Y RELACIÓN ENTRE ENTALPÍA Y ENERGÍA INTERNA

Imagina que tienes una batería cargada o una linterna. Cuando enciendes la linterna, la energía química de la batería se transforma en luz y calor. Pero, atención, ¡esa energía no desaparece! Simplemente se transforma. Este es el corazón del primer principio de la termodinámica.

LA ENERGÍA NO SE CREA NI SE DESTRUYE, SOLO SE TRANSFORMA

En lenguaje más formal, el primer principio dice que: "La variación de la energía interna de un sistema es igual al calor que entra menos el trabajo que realiza". Matemáticamente:

$$\Delta U = Q - W$$

Donde:

- ΔU: Variación de la energía interna del sistema.
- Q: Calor absorbido por el sistema.
- W: Trabajo realizado por el sistema.

Si un sistema gana energía en forma de calor y no hace ningún trabajo, su energía interna aumenta. Pero, si además de ganar calor, hace trabajo como, por ejemplo, expandirse, esa energía se reparte.

Veamos un ejemplo con globos. Si inflas un globo calentándolo, el gas dentro se expande y hace trabajo sobre las paredes del globo. Parte del calor que añadiste se usó en aumentar la energía interna, pero otra parte se usó en hacer ese trabajo de inflado.

¿Y QUÉ PASA CON LA ENTALPÍA?

En muchos experimentos de química, no trabajamos con sistemas completamente cerrados ni con pistones. Lo más común es que las reacciones ocurran a presión constante. En estos casos, hablar solo de energía interna no es suficiente; por eso, aparece una nueva magnitud llamada entalpía.

La entalpía, que la reconoceremos con la letra H, es como una versión mejorada de la energía interna, que también tiene en cuenta la energía usada para empujar el entorno si hay cambios de volumen. Su fórmula es:

$$H = U + PV$$

Donde:

- H: Entalpía.
- U: Energía interna.
- P: Presión del sistema.
- V: Volumen del sistema.

Y la variación de entalpía, que llamamos ΔH, nos da la cantidad de calor intercambiado a presión constante.

ENTONCES, ¿QUÉ RELACIÓN HAY ENTRE ENTALPÍA Y ENERGÍA INTERNA?

Cuando una reacción química ocurre a presión constante, el calor que se libera o se absorbe es igual al cambio de entalpía. Es decir:

$$\Delta H = \Delta U$$

Si hay cambios de volumen durante la reacción, entonces el cambio de entalpía también tiene en cuenta el trabajo hecho por el sistema al expandirse o comprimirse y la relación se expresaría así:

$$\Delta H = \Delta U + P\Delta V$$

AHORA BIEN, ¿POR QUÉ ES ÚTIL LA ENTALPÍA?

Porque, en muchos casos, no podemos medir la energía interna directamente, pero sí podemos medir el calor liberado o absorbido, y eso es justo lo que representa la entalpía.

Por ejemplo:

- Si $\Delta H < 0$, la reacción libera calor y, por tanto, es exotérmica.

- Si $\Delta H > 0$, la reacción absorbe calor y en este caso es endotérmica.

Veamos un ejercicio. Una reacción química ocurre en un recipiente abierto a presión constante. La energía interna del sistema disminuye en 120 kJ, y el sistema realiza un trabajo de 20 kJ sobre el entorno. ¿Cuál es el calor intercambiado? ¿Y la variación de entalpía?

Al pedirnos el calor y darnos como datos la energía interna y el trabajo, hacemos uso de la siguiente fórmula:

$$\Delta U = Q - W$$

Despejamos el calor:

$$Q = \Delta U + W$$

Sustituimos y calculamos su valor:

$$Q = -120 + 20 = -100 \text{ kJ}$$

El valor de ΔU es negativo, puesto que en el enunciado nos dice que disminuye, de ahí su signo. Hay que tener mucho cuidado al leer el ejercicio.

Para calcular la entalpía, hay que tener en cuenta que nos dicen que la presión es contante, por lo que:

$$\Delta H = \Delta U \rightarrow \Delta H = Q \rightarrow \Delta H = -100 \text{ kJ}$$

Al ser negativa, se libera calor y, por tanto, la reacción es exotérmica.

Veamos ahora la **entalpía estándar de reacción**.

Cuando una reacción química ocurre, puede liberar calor o absorberlo. Pero ¿cómo saber cuánto calor si cada experimento se hace en condiciones distintas?

Aquí es donde entra en acción la entalpía estándar de reacción. Es como poner todas las reacciones en una pista de atletismo con las mismas condiciones: mismo clima, misma altitud, misma presión... Así, podemos compararlas con justicia. Ahora bien, ¿qué significa "estándar"?

Cuando hablamos de condiciones estándar, nos referimos a:

- **Presión:** 1 atmósfera (atm).

- **Temperatura:** 25 °C o 298 K.

- **Sustancias puras:** En su estado físico más estable, por ejemplo, el oxígeno como gas o el agua en estado líquido.

¿QUÉ ES ENTONCES LA ENTALPÍA ESTÁNDAR DE REACCIÓN?

Es el calor absorbido o liberado por una reacción química cuando ocurre a presión constante y en condiciones estándar.

Se representa como:

$$\Delta H_r^o$$

Y se mide en kilojulios por mol (kJ/mol).

Veamos un ejemplo:

$$CH_4(g) + 2O_2(g) \rightarrow CO_2(g) + 2H_2O(l)$$

Esta es la combustión del metano, el gas de cocina. Su entalpía estándar de reacción es $\Delta H_r^o = -890 \text{ kJ/mol}$. Eso significa que se liberan 890 kJ de energía por cada mol de metano que se quema. Y el ser negativa es una reacción exotérmica.

Bien, ahora que ya sabemos lo que es, es el momento de preguntarse: ¿cómo se calcula?

Se usa esta fórmula, basada en los productos y reactivos:

$$\Delta H_r^o = \sum \Delta H_f^o (productos) - \sum \Delta H_f^o (reactivos)$$

Donde ΔH_f^o es la entalpía estándar de formación de cada sustancia. Es muy importante tener en cuenta que se multiplica cada valor de la entalpía estándar de formación por sus respectivos coeficientes estequiométricos, para finalmente realizar la resta. Recuerda esta frase, ya que la vamos a repetir mucho en este capítulo:

Productos menos reactivos

Hagamos un ejercicio. Dada la reacción:

$$H_2(g) + \frac{1}{2}O_2(g) \rightarrow H_2O(l)$$

Y sabiendo que:

- $\Delta H^o_{f\,H_2O} = -285,8\,\text{kJ/mol}$
- $\Delta H^o_{f\,H_2} = 0\,\text{kJ/mol}$
- $\Delta H^o_{f\,O_2} = 0\,\text{kJ/mol}$

Las dos últimas son cero, porque son elementos en su forma más estable.

Aplicamos la fórmula:

$$\Delta H^o_r = (-285,8) - (0 + 0) = -285,8\,Kj/mol$$

La formación de agua libera calor y, por tanto, es exotérmica.

¿Qué te parece si hacemos un ejercicio un poco más complicado y terminamos de comprender esta parte del capítulo? Lo tienes en el código QR. Te recomiendo verlo.

La energía de las reacciones químicas se puede representar mediante diagramas entálpicos. Cada tipo de reacción tiene un diagrama característico, tal y como puedes ver a continuación:

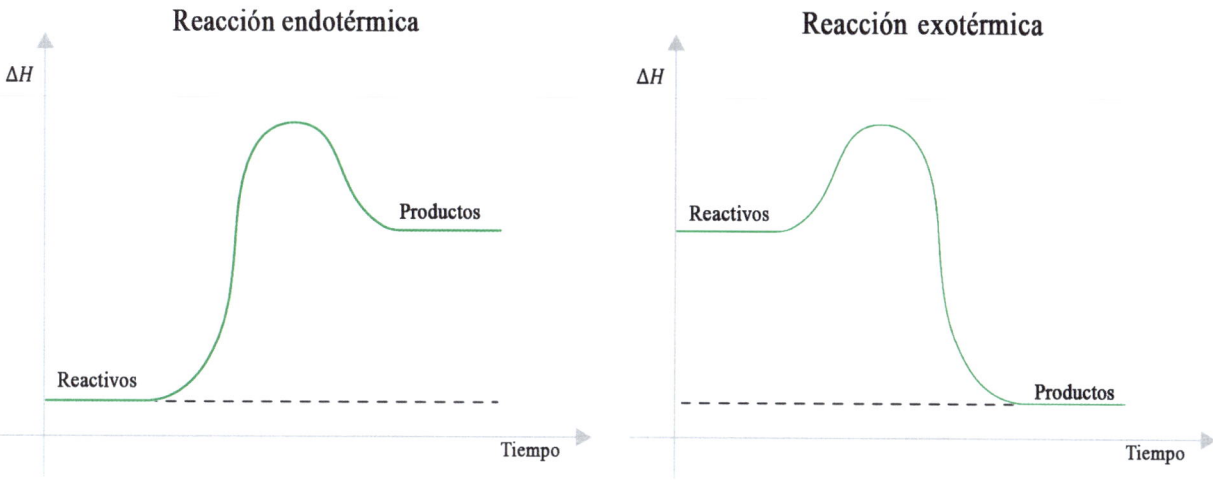

LEY DE HESS

Imagina que quieres subir una montaña. Puedes hacerlo por un camino directo o dando un rodeo. Lo importante en este caso es que la altura final de la montaña será la misma, sin importar la ruta que tomes. Vas a llegar a la cima.

Pues lo mismo pasa con la energía en las reacciones químicas. Y ahí es donde entra en juego la ley de Hess.

La ley de Hess dice que el cambio total de entalpía en una reacción química es el mismo, sin importar cuántas etapas intermedias tenga la reacción. Todo es porque a veces no podemos medir directamente la entalpía de una reacción, pero sí conocemos otras reacciones que, juntas, dan el mismo resultado y, gracias a esto, ¡podemos usar la ley de Hess para calcularlo!

Antes de ver un ejemplo y explicar cómo se hace un ejercicio usando la ley de Hess, hay dos cosas que tenemos que tener muy claras:

- Si inviertes el sentido de una reacción, cambia el signo de ΔH.

- Si multiplicas una reacción por un número, también multiplicas su ΔH.

Veamos un ejemplo resuelto. Queremos saber la entalpía (ΔH) de esta reacción:

$$C \text{ (grafito)} + O_2 \text{ (g)} \rightarrow CO_2 \text{ (g)}$$

Pero imagina que no la podemos medir directamente y tenemos a nuestra disposición estas dos reacciones que ya conocemos:

1. $C \text{ (grafito)} + \frac{1}{2} O_2 \text{ (g)} \rightarrow CO \text{ (g)}$ $\Delta H_1 = -110,5 \text{ kJ}$
2. $CO \text{ (g)} + \frac{1}{2} O_2 \text{ (g)} \rightarrow CO_2 \text{ (g)}$ $\Delta H_2 = -283 \text{ kJ}$

¿Cómo resolvemos el ejercicio? Lo primero que hago es fijarme en la reacción de la que quiero conocer su entalpía. Ahora me fijo en las otras dos reacciones que me dan como dato y, sobre todo, si en estas dos reacciones los compuestos están en el lugar que les corresponde con respecto a la reacción que me piden calcular su entalpía. En este caso, está todo en su sitio, por lo que sumamos las dos reacciones:

$$C \text{ (grafito)} + \frac{1}{2} O_2 \rightarrow CO$$

$$+ CO + \frac{1}{2} O_2 \rightarrow CO_2$$

Resultado total: $C \text{ (grafito)} + O_2 \rightarrow CO_2$.

¡Justo lo que queríamos!

Ahora para acabar, sumamos los valores de Δ para obtener la entalpía de la reacción:

$$\Delta H = -110,5 \text{ kJ} + (-283 \text{ kJ}) = -393,5 \text{ kJ}$$

¿Qué te parece si hacemos juntos en el vídeo un ejercicio de lo que ponen en los exámenes un poco más complicados? Te animo a verlo en el código QR.

ENERGÍA DE ENLACE

Imagina que estás desmontando un Lego para luego construir otro con las mismas piezas. Hace falta aplicar fuerza, ¿verdad? Pues, en química, romper y formar enlaces entre átomos también requiere energía. A eso lo llamamos energía de enlace.

La energía de enlace es la cantidad de energía necesaria para romper un mol de enlaces entre dos átomos en una molécula en estado gaseoso y se mide en kilojulios por mol (kJ/mol).

¿Romper enlaces consume o libera energía?

Acción	¿Qué ocurre?	Energía
Romper	Separar átomos.	Se absorbe.
Formar	Unir átomos para hacer enlaces.	Se libera.

Es como en la vida real: deshacer un Lego cuesta, pero crear uno nuevo da energía al ver cómo toma forma.

¿CÓMO SE USA PARA CALCULAR LA ENTALPÍA DE UNA REACCIÓN?

Para ello usamos la siguiente fórmula:

$$\Delta H = \Sigma \text{ Energías de enlace de los reactivos} - \Sigma \text{ Energías de enlace de los productos}$$

Quizás así es más fácil de recordar:

$$\Delta H = \Sigma \text{ Energía de enlaces rotos} - \Sigma \text{ Energía de enlaces formados}$$

¡Ojo! Recuerda que romper enlaces significa absorber energía, signo positivo, y, por el contrario, formar enlaces es liberar energía, signo negativo.

Hagamos un ejemplo sencillo con esta reacción química:

$$H_2 + Cl_2 \rightarrow 2HCl$$

De la que conocemos las energías de enlace en kj/mol:

- H–H: 436 kJ/mol.

- Cl–Cl: 243 kJ/mol.

- H–Cl: 431 kJ/mol.

El primer paso consiste en romper enlaces:

- 1 enlace H–H → 436 kJ/mol

- 1 enlace Cl–Cl → 243 kJ/mol

Sumamos y obtenemos la energía absorbida o energía de enlaces rotos:

$$436 + 243 = 679 \text{ kJ}$$

El segundo paso consiste en formar los enlaces de los productos:

- Se forman 2 enlaces H–Cl 2 × 431 = 862 kJ

Y, por último, calculamos la entalpía de la reacción:

$$\Delta H = [436 + 243] - [2 \times 431] = 679 - 862 = -183 \text{ kJ}$$

La reacción **libera energía** y, por tanto, es exotérmica. Así de fácil y sencillo.

De cara a afianzar esta parte del temario, ¿qué te parece si hacemos juntos un ejercicio un poco más complicado? Lo tienes en el vídeo del código QR.

TOMA AQUÍ TUS NOTAS

ENTROPÍA Y ESPONTANEIDAD DE LAS REACCIONES QUÍMICAS

EMPECEMOS POR LA ENTROPÍA, ¿QUÉ ES?

Imagina tu habitación. Justo después de limpiarla, todo está en su lugar: los libros en la estantería, la ropa doblada, la cama hecha. Ahora, deja pasar un par de días. Ropa por el suelo, mochila abierta, papeles por todas partes. ¿Te suena?

Ese cambio de orden a desorden es un ejemplo perfecto de entropía.

La entropía, que identificaremos con la letra S, es una medida del desorden o aleatoriedad de un sistema. Cuanta más desorganización, mayor entropía.

Y ¿qué tiene que ver eso con la química?

En la química, las partículas como átomos y moléculas, también pueden estar más o menos ordenadas. Por ejemplo, un sólido tiene las partículas bien organizadas y, por tanto, tiene baja entropía; por el contrario, un gas, donde las partículas se mueven libremente y en todas direcciones, tiene alta entropía.

Cuando tu madre te diga que tienes que ordenar tu cuarto, dile que tu habitación no está desordenada, sino que tiene alta entropía y no se puede luchar contra ella, ya que los sistemas como tu habitación tienden siempre a su máxima entropía. Quizás vuele la zapatilla, así que dilo siempre con mucha educación y respeto, je, je.

Volvamos a la química. Durante una reacción química, la entropía puede aumentar o disminuir, dependiendo de cómo cambian las sustancias.

Su cálculo es muy sencillo y es exactamente igual que el de la entalpía, pero con valores de entropía. De este modo, la fórmula que vamos a usar es la siguiente:

$$\Delta S_r = \Sigma\, S°_{productos} - \Sigma\, S°_{reactivos}$$

Veamos un ejemplo calculando la entropía de formación del agua.

La reacción es la siguiente:

$$2H_{2(g)} + O_{2(g)} \rightarrow 2H_2O_{(l)}$$

Y con este tipo de ejercicio siempre nos darán una tabla con los valores de entropía estándar $S°$, a 25 °C y 1 atm:

Sustancia	Estado	S° (J/mol·K)
H_2 (g)	Gas	131
O_2 (g)	Gas	205
H_2O (l)	Líquido	70

Para realizar el cálculo, aplicamos la fórmula y sustituimos los valores de la tabla:

- $\Delta S = [2 \times S°(H_2O)] - [2 \times S°(H_2) + 1 \times S°(O_2)]$

- $\Delta S = [2 \times 70] - [2 \times 131 + 205]$

- $\Delta S = 140 - (262 + 205)$

- $\Delta S = 140 - 467 = -327$ J/mol·K

De esta manera, la variación de entropía estándar de esta reacción es:

$$\Delta S = -327 \text{ J/mol·K}$$

Como el valor de la entropía disminuye, esto significa que el sistema pasa de un estado más desordenado (gases) a uno más ordenado (líquido).

De cara a afianzar este sencillo concepto, ¿qué te parece si hacemos un ejercicio? Te animo a que hagas junto a mí el ejercicio que te planteo en el vídeo del código QR.

HA LLEGADO EL MOMENTO DE APRENDER, ¿QUÉ ES UNA REACCIÓN ESPONTÁNEA?

El concepto es muy sencillo: una reacción espontánea es aquella que ocurre por sí sola, sin que tengamos que forzarla constantemente a que suceda. Por ejemplo, si dejas un clavo de hierro al aire libre, con el tiempo se oxidará. Esa reacción no necesita que tú la animes, ocurre sola. Es espontánea.

Para medir la espontaneidad de una reacción química, haremos uso de la **energía libre de Gibbs.**

En la energía libre de Gibbs, hay que combinar dos factores clave, la entalpía (ΔH) y la entropía (ΔS).

Y todo esto se relaciona en la siguiente fórmula:

$$\Delta G = \Delta H - T \cdot \Delta S$$

Donde:

- ΔG: Cambio de energía libre de Gibbs.

- T: Temperatura en Kelvin.

- ΔH: Cambio de entalpía.

- ΔS: Cambio de entropía.

Que una reacción sea espontánea o no depende del signo del valor que toma la energía libre de Gibbs, siendo la reacción:

- Espontánea si $\Delta G < 0$.

- No espontánea si $\Delta G > 0$.

- Está en equilibrio si $\Delta G = 0$.

Veamos este concepto relacionado con el ejemplo de la habitación. Si la habitación pasa de ordenada a desordenada, esto pasa sin esfuerzo alguno, ocurre solo; por tanto, es un proceso espontáneo. Si, por el contrario, la habitación pasa de desordenada a ordenada, este proceso requiere esfuerzo, energía, tiempo, siendo este proceso no espontáneo.

Veamos ahora un ejemplo químico resuelto. Nos piden calcular la energía libre de Gibbs de la siguiente reacción química a partir de los datos que nos aportan:

$$CaCO_{3\ (s)} \rightarrow CaO_{\ (s)} + CO_{2\ (g)}$$

- $\Delta H = +178$ kJ/mol

- $\Delta S = +160$ J/mol·K

- $T = 1.000$ K

Hacemos uso de la fórmula de la energía libre de Gibbs y calculamos:

$$\Delta G = \Delta H - T \cdot \Delta S$$

$$\Delta G = 178.000 - 1.000 \cdot 160 = 178.000 - 160.000 = 18.000 \text{ J}$$

¡MUCHO CUIDADO CON LAS UNIDADES!

¿Te has fijado que el valor de la entalpía estaba en kJ/mol y el de la entropía en J/mol·K?
Para poder operar tenemos que tener uniformidad de unidades, por lo que, en este caso, pasé de los kJ/mol de la entalpía a J/mol, que es la unidad de la entropía. Por regla general te van a dar los datos con estas unidades, por lo que ten mucho cuidado. Te recomiendo siempre pasar la entalpía de kJ/mol a J/mol, que es tan sencillo como multiplicarlo por 100.

Volvamos a la energía libre de Gibbs. El resultado nos ha dado un valor de $\Delta G > 0$, por lo que no es espontánea a esta temperatura. Pero, si subimos más la temperatura, el término $T \cdot \Delta S$ aumentará, y podría volverse espontánea.

Ahora bien, acabo de contar que la temperatura puede cambiar la espontaneidad, pero...

¿CÓMO INFLUYE LA TEMPERATURA EN LA ESPONTANEIDAD DE UNA REACCIÓN QUÍMICA?

Como ya sabes, usamos la energía libre de Gibbs para saber si una reacción ocurre por sí sola y la temperatura tiene un papel clave, ya que puede hacer que una reacción que no era espontánea ¡pase a serlo! O al revés.

¿Cómo saber si la temperatura hace que una reacción ocurra? Depende de dos cosas:

- De la entalpía (ΔH): Si la reacción libera o absorbe calor.

- De la entropía (ΔS): Si aumenta o disminuye el desorden.

Si metemos la temperatura en nuestra ecuación y ordenamos los resultados en una tabla, obtenemos lo siguiente:

$$\Delta G = \Delta H - T \cdot \Delta S$$

ΔH	ΔS	¿Espontánea a baja T?	¿Espontánea a alta T?
– (exotérmica)	+ (más desorden)	Sí	Sí
– (exotérmica)	– (menos desorden)	Sí	No
+ (endotérmica)	+ (más desorden)	No	Sí
+ (endotérmica)	– (menos desorden)	No	No

De cara a afianzar este concepto, ¿qué te parece si hacemos un ejercicio? Te animo a que hagas junto a mí el ejercicio que tienes en el vídeo del código QR.

TOMA AQUÍ TUS NOTAS

EJERCICIOS DE PRUEBAS DE ACCESO A LA UNIVERSIDAD

- **Comunidad Valenciana. Junio 2024:**

Problema 4. En determinados dispositivos pirotécnicos se utiliza una mezcla de aluminio en polvo, $Al_{(s)}$, y perclorato de amonio, $NH_4ClO_{4(s)}$. La mezcla reacciona de acuerdo con la siguiente ecuación química:

$$3\ Al_{(s)} + 3\ NH_4ClO_{4(s)} \rightarrow Al_2O_{3(s)} + AlCl_{3(s)} + 6\ H_2O_{(g)} + 3\ NO_{(g)}$$

a) Calcule la variación de entalpía estándar del proceso, expresada en kJ por mol de aluminio.

b) ¿Cuántos gramos de Al y NH_4ClO_4 se necesitan para que su reacción libere 2.000 kJ de energía? Calcule el porcentaje en masa de cada compuesto en la mezcla.

Datos: entalpías de formación estándar, ΔH_f^o (kJ·mol⁻¹): $Al_2O_{3(s)}$ = −1668,8; $NH_4ClO_{4(s)}$ = −294,1; $AlCl_{3(s)}$ = −704,2; $NO_{(g)}$ = +90,3; $H_2O_{(g)}$ = −241,8. Masas atómicas relativas: H = 1; N = 14; O = 16; Al = 27; Cl = 35,5.

- **Comunidad de Madrid 2024:**

A.3. El clorato de potasio (sólido) se descompone para dar cloruro de potasio (sólido) y oxígeno molecular (gas). Para esta reacción de descomposición a 25 °C, calcule:

a) La variación de entalpía estándar.

b) La variación de entropía estándar.

c) La variación de energía de Gibbs estándar, y razone si la reacción es espontánea.

d) Determine si a 100 °C la reacción es espontánea o no. Considere $\Delta H°$ y $\Delta S°$ constantes con la temperatura.

Propiedades termodinámicas a 25 °C.

Especies	ΔH_f^o (KJ·mol⁻¹)	ΔG_f^o (KJ·mol⁻¹)	S^o (J·mol-1·K-1)
KClO3 (s)	−391,2	−289,9	143
KCl (s)	−435,9	−408,3	82,7
O₂ (g)	0	0	205

- **Aragón 2024:**

7. Una de las etapas de la fabricación industrial de ácido nítrico consiste en la siguiente reacción entre dióxido de nitrógeno y agua:

$$3\ NO_{2(g)} + H_2O_{(l)} \rightleftarrows 2\ HNO_{3(ac)} + NO_{(g)}$$

a) Calcule la entalpía de la reacción anterior a partir de los siguientes datos e indique si es una reacción endotérmica o exotérmica:

A: $2 NO_{(g)} + O_{2(g)} \rightleftarrows 2 NO_{2(g)}$ $\qquad\qquad \Delta H° = -173 \text{ kJ}$

B: $2 N_{2(g)} + 5 O_{2(g)} + 2 H_2O_{(l)} \rightleftarrows 4 HNO_{3(ac)}$ $\qquad\qquad \Delta H° = -255 \text{ kJ}$

C: $N_{2(g)} + O_{2(g)} \rightleftarrows 2 NO_{(g)}$ $\qquad\qquad \Delta H° = +181 \text{ kJ}$

b) ¿Cuánto calor se pondrá en juego si se quieren obtener 5 kg de ácido nítrico? ¿Qué volumen de NO, medido a 298 K y 1 atm, se obtendrá junto a ese ácido nítrico?

Datos: $R = 0,082 \text{ atm } L \text{ mol}^{-1} K^{-1}$. Masas atómicas: H = 1; N = 14; 0 = 16.

De cara a practicar te recomiendo que hagas los siguientes ejercicios de repaso:

1. Cuando se quema etanol (C_2H_5OH) en presencia de oxígeno, la reacción es:

$$C_2H_5OH_{(l)} + 3O_{2(g)} \rightarrow 2CO_{2(g)} + 3H_2O_{(l)}$$

Y se sabe que la entalpía estándar de combustión del etanol es $\Delta H = -1367 \text{ kJ/mol}$. Calcula el calor liberado al quemar 9,2 g de etanol.

2. Calcula la entalpía de reacción para:

$$CH_{4(g)} + 2O_{2(g)} \rightarrow CO_{2(g)} + 2H_2O_{(l)}$$

Datos ($\Delta Hf°$ en kJ/mol): $CH_{4(g)}$: −74.8, $O_{2(g)}$: 0, $CO_{2(g)}$: −393,5, $H_2O_{(l)}$: −285.8.

3. Determina la entalpía de la reacción:

$$Ca_{(s)} + 1/2 \, O_{2(g)} \rightarrow CaO_{(s)}$$

A partir de:

$$Ca_{(s)} + Cl_{2(g)} \rightarrow CaCl_{2(s)} \quad \Delta H = -795 \text{ kJ}$$
$$CaO_{(s)} + 2HCl_{(aq)} \rightarrow CaCl_{2(s)} + H_2O_{(l)} \quad \Delta H = -193 \text{ kJ}$$
$$H_{2(g)} + 1/2 \, O_{2(g)} \rightarrow H_2O_{(l)} \quad \Delta H = -286 \text{ kJ}$$

4. Calcula el ΔH para la reacción:

$$F_{2(g)} + H_{2(g)} \rightarrow 2HF_{(g)}$$

A partir de las energías de enlace:

$$\text{F-F} = 159 \text{ kJ/mol}, \text{ H-H} = 436 \text{ kJ/mol}, \text{ H-F} = 565 \text{ kJ/mol}$$

5. Calcula $\Delta S°$ para la reacción:

$$2NO_{2(g)} \rightarrow 2NO_{(g)} + O_{2(g)}$$

Datos: $S°(NO_2) = 240,1 \text{ J/mol·}K$, $S°(NO) = 210,7 \text{ J/mol·K}$, $S°(O_2) = 205 \text{ J/mol·}K$.

6. Estudia la espontaneidad de la reacción a 298 K:

$$N_{2(g)} + 3H_{2(g)} \rightarrow 2NH_{3(g)}$$

Datos: $\Delta H° = -92,4 \text{ kJ/mol}$, $\Delta S° = -198 \text{ J/mol K}$.

Imagina que estás en casa y te preparas un chocolate caliente. Disuelves el cacao en polvo en agua fría... y la mezcla es un desastre, ya que se forman grumos, cacao flotando, nada se integra bien. Pero, si calientas el agua, ¡todo cambia! El cacao se disuelve rápido y en segundos tienes una bebida perfecta. ¿Qué ha pasado?

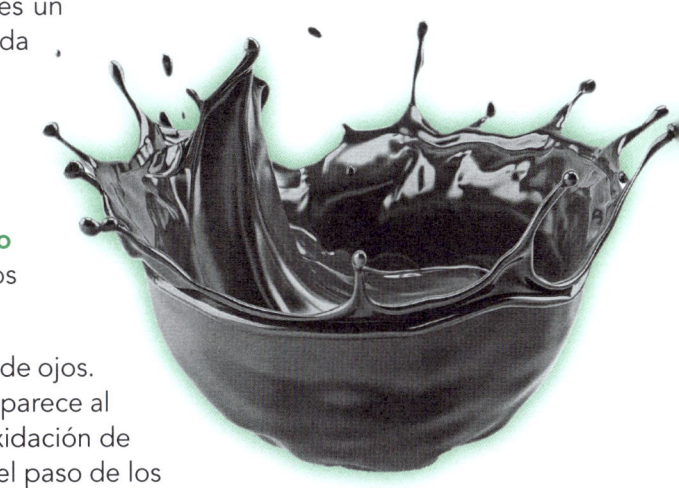

Acabas de ser testigo de algo que ocurre todo el tiempo en la química. **Las reacciones pueden ir más rápidas o más lentas según las condiciones**. A eso lo llamamos velocidad de reacción.

Algunas reacciones químicas ocurren en un abrir y cerrar de ojos. Por ejemplo, cuando enciendes una bengala, el fuego aparece al instante. Otras, en cambio, parecen eternas, como la oxidación de una tubería metálica que se va cubriendo de óxido con el paso de los meses.

¿QUÉ ES LA VELOCIDAD DE REACCIÓN?

La velocidad de una reacción se define como el cambio en la concentración de un reactivo o producto por unidad de tiempo y se mide en mol/l s. A medida que avanza una reacción química, las moléculas de los reactivos se consumen y, al mismo tiempo, se generan los productos. La velocidad de la reacción puede analizarse observando cómo disminuye la concentración de los reactivos o cómo aumenta la de los productos.

De forma general, podemos afirmar que si tenemos una reacción del tipo:

$$a\,A + b\,B \rightarrow c\,C$$

$$V_m = -\frac{1}{a} \cdot \frac{\Delta[A]}{\Delta t} = -\frac{1}{b} \cdot \frac{\Delta[B]}{\Delta t} = \frac{1}{c} \cdot \frac{\Delta[C]}{\Delta t}$$

El signo negativo de A y B es porque se consumen, mientras que el de C es positivo es porque, al ser producto, se forma y de ahí que sea positivo.

Recuerda que los reactivos van siempre con signo negativo delante y los productos en positivo.

¿DE QUÉ DEPENDE LA VELOCIDAD?

Hay muchos factores que pueden hacer que una reacción sea más rápida o más lenta:

- **Naturaleza de los reactivos:** Algunas sustancias reaccionan más fácilmente que otras.

- **Concentración:** A mayor concentración, más choques entre partículas.

- **Temperatura:** Más calor = más energía = más velocidad.

- **Presión:** En gases, aumentar la presión suele aumentar la velocidad.

- **Catalizadores:** Sustancias que aceleran la reacción sin gastarse.

¿QUÉ ES LA ECUACIÓN DE VELOCIDAD?

Es una expresión matemática que relaciona la velocidad de reacción con la concentración de los reactivos. Tiene esta forma general:

$$v = k \cdot [A]^m \cdot [B]^n$$

Donde:

- v: Velocidad de la reacción.

- k: Constante de velocidad (depende de la temperatura).

- $[A]$ y $[B]$: Concentraciones de los reactivos.

- m y n: Orden de reacción respecto a A y B.

ORDEN DE REACCIÓN

El orden de reacción nos indica cómo influye la concentración de cada reactivo en la velocidad de la reacción:

- Si al duplicar la concentración de A, la velocidad también se duplica, entonces el orden con respecto a A es 1.

- Si al duplicar la concentración de A, la velocidad se cuadruplica, entonces el orden con respecto a A es 2.

- Si cambiar la concentración de B no afecta la velocidad, entonces el orden con respecto a B es 0.

El orden total de la reacción es la suma de los órdenes parciales:

$$\text{Orden total} = m + n$$

Veamos un ejemplo sencillo. Supongamos que la velocidad de una reacción viene dada por la siguiente expresión:

$$v = k \cdot [H^2]^1 \cdot [I^2]^1$$

Esto significa que:

- Es de primer orden con respecto a H_2.

- Es de primer orden con respecto a I_2.

- El orden total de la reacción es 2.

¿CÓMO SE DETERMINA EL ORDEN DE REACCIÓN?

Antes de nada, es muy importante saber que el orden de reacción no siempre coincide con los coeficientes estequiométricos de la ecuación química y, por lo general, se determina experimentalmente, observando cómo cambia la velocidad al modificar la concentración de los reactivos.

Veamos un ejemplo práctico. Se estudia la siguiente reacción entre dos sustancias A y B:

A + B → productos

A continuación, se muestran los datos experimentales obtenidos a temperatura constante:

Experimento	$[A]$ (mol/L)	$[B]$ (mol/L)	Velocidad (mol/L s)
1	0,10	0,10	0,020
2	0,20	0,10	0,040
3	0,10	0,20	0,020

Determina el orden de la reacción con respecto a A y con respecto a B. ¿Cuál es el orden total de la reacción?

- **Paso 1:** Comparar experimentos para hallar el orden respecto a A.

  Comparamos el experimento 1 con el experimento 2. ¿Por qué? Porque, si te fijas, la concentración de B es la misma y esto nos permite calcular el orden con respecto a A:

  - $[A]$ pasa de 0,10 a 0,20, es decir, se duplica.

  - $[B]$ permanece constante.

  - La velocidad pasa de 0,020 a 0,040, por tanto, también se duplica.

  Como al duplicar $[A]$, la velocidad se duplica, esto indica que:

  La reacción es de primer orden con respecto a A.

■ **Paso 2:** Comparar experimentos para hallar el orden respecto a *B*.

Comparamos el experimento 1 con el experimento 3, ya que en estos casos la concentración de *A* no varía:

- ■ [*A*] permanece constante.

- ■ [*B*] pasa de 0,10 a 0,20, es decir, se duplica.

- ■ La velocidad se mantiene en 0,020, por tanto, no cambia.

De este modo, esto indica que la velocidad no depende de la concentración de *B*, por lo tanto, la reacción es de orden cero con respecto a *B*.

■ **Paso 3:** Calcular el orden total de la reacción.

$$\text{Orden total} = \text{orden con respecto a } A + \text{orden con respecto a } B$$

$$\text{Orden total} = 1 + 0 = 1$$

¿Para qué sirve conocer el orden de una reacción?

Saber el orden de una reacción nos permite predecir la velocidad de una reacción en diferentes condiciones, diseñar procesos industriales más rápidos y eficientes, y, por último, controlar reacciones lentas o peligrosas, como la combustión, la fermentación o la descomposición de explosivos.

Hay otra manera, quizás más sencilla, para calcular el orden de reacción a partir de una tabla de velocidades como la anterior. Además, es común que nos pidan calcular las **unidades de la constante de velocidad**. Te lo explico en el vídeo del código QR para que tengas las dos maneras.

COMPLEJO ACTIVADO

Cuando dos sustancias van a reaccionar, no lo hacen de golpe. Primero, chocan; luego, interaccionan y, si todo va bien, se forma el producto. Pero, en ese proceso, hay un instante fugaz, un momento intermedio muy importante que decide si la reacción sigue adelante o no. A ese momento lo llamamos complejo activado.

¿QUÉ ES EL COMPLEJO ACTIVADO?

Es una especie de estado intermedio, muy inestable y de vida cortísima, que se forma justo cuando los reactivos están en pleno proceso de transformación en productos.

Imagina una montaña. Para ir de un valle, que bien podrían ser los reactivos, a otro valle, que metafóricamente son los productos, necesitas subir una colina. Bien, pues ese punto más alto de la colina es el complejo activado. Es como el instante en que estás en la cima. No estás ni en un lado ni en el otro, pero desde ahí decides si desciendes hacia los productos o si te devuelves a los reactivos.

¿QUÉ LO HACE TAN ESPECIAL?

Porque es el punto crítico de la reacción. Para llegar hasta ahí, las moléculas necesitan una cierta energía mínima llamada energía de activación. Si no la tienen, no hay reacción. Pero, si la alcanzan, se forma el producto.

Veamos un ejemplo cotidiano. Piensa en encender una cerilla. Mientras la frotas, le estás dando energía a modo de calor por fricción. Si le das suficiente, la cerilla se enciende, ya que ¡la reacción ha superado la energía de activación! El complejo activado se forma y luego da paso a la llama.

¿Y QUÉ PASA SI USAMOS UN CATALIZADOR?

Un catalizador es como hacer un túnel en la montaña: hace que se reduzca la altura que necesitamos escalar. Es decir, disminuye la energía de activación y, con eso, la reacción ocurre más fácilmente, ¡pero sin cambiar los productos! Solo hace que la reacción ocurra más deprisa.

¿QUÉ FACTORES AFECTAN A LA VELOCIDAD DE UNA REACCIÓN?

La velocidad de una reacción química no es algo fijo, ya que puede acelerarse o frenarse dependiendo de ciertas condiciones. Es como cocinar, el tiempo que tarda en hacerse una pizza no solo depende de los ingredientes, ¡sino también de la temperatura del horno, de cuánto mezcles la masa o incluso del tipo de harina!

En química pasa lo mismo. Vamos a ver los principales factores que influyen en la velocidad de una reacción y cómo actúan.

1. CONCENTRACIÓN DE LOS REACTIVOS

Cuanto más reactivo hay, más choques entre partículas. Y más choques significa más posibilidades de que se forme producto.

Aumentar la concentración → aumenta la velocidad.

2. TEMPERATURA

El calor que le aportas a una reacción da energía a las partículas, que se mueven más rápido y chocan con más fuerza. Así, a medida que aumentas la temperatura, hay más choques eficaces que son los que realmente provocan la reacción.

Por ejemplo, el azúcar se disuelve más rápido en agua caliente que en fría.

Mayor temperatura → mayor velocidad.

3. SUPERFICIE DE CONTACTO

Cuando una sustancia está en trozos pequeños o en polvo, su superficie es mayor y puede reaccionar más rápido que si está en bloques grandes.

Mayor superficie → mayor velocidad.

4. PRESIÓN (EN GASES)

En reacciones con gases, **aumentar la presión** es como meter más moléculas en el mismo espacio y, por tanto, hay más choques.

Más presión → más velocidad.

5. PRESENCIA DE CATALIZADORES

Los catalizadores son sustancias que aceleran una reacción sin consumirse en el proceso. Funcionan como atajos: reducen la energía necesaria para que la reacción ocurra.

Con catalizador → reacción más rápida.

6. NATURALEZA DE LOS REACTIVOS

Algunas sustancias son más reactivas que otras por su estructura química. No es lo mismo reaccionar sodio metálico, que es muy reactivo, que oro, que por el contrario es muy estable.

En resumen:

Factor	¿Cómo afecta?
Mayor concentración	Más choques → más rápida.
Mayor temperatura	Más energía → más choques eficaces.
Mayor superficie	Más exposición → más rápida.
Mayor presión (en gases)	Más partículas por volumen → más choques.
Catalizadores	Disminuyen la energía necesaria → reacción más rápida.
Naturaleza de los reactivos	Determina la facilidad de reaccionar.

TEMPERATURA Y CONSTANTE DE REACCIÓN K. ECUACIÓN DE ARRHENIUS

La ecuación de Arrhenius relaciona la constante de velocidad (k) con la temperatura y la energía de activación (Ea). Su forma matemática es:

$$k = A \cdot e^{\frac{-Ea}{R \cdot T}}$$

Donde:

- k: Constante de velocidad.

- A: Factor de frecuencia, depende del número de choques efectivos entre moléculas.

- e: Número de Euler (≈ 2.718).

- Ea: Energía de activación (J/mol o kJ/mol).

- R: Constante de los gases con un valor de 8.314 J/mol·K.

- T: Temperatura en kelvin (K).

Esta ecuación nos dice que:

- Si la temperatura T aumenta, el valor de k también aumenta y, por tanto, la reacción será más rápida.

- Si la energía de activación Ea es alta, la reacción será más lenta, ya que cuesta más arrancarla.

- Una reacción rápida suele tener baja energía de activación y ocurre a alta temperatura.

¿QUÉ ES UN MECANISMO DE REACCIÓN?

Cuando observamos una reacción química, solemos verla resumida en una ecuación general. Por ejemplo:

$$2NO_2 \rightarrow 2NO + O_2$$

Pero eso es como ver solo el resultado final de una película sin conocer las escenas que la componen. El mecanismo de reacción es precisamente eso conocer la historia completa, paso a paso, de cómo ocurre la reacción.

TOMA AQUÍ TUS NOTAS

¿CÓMO FUNCIONA?

Un mecanismo de reacción descompone una reacción global en una serie de pasos más simples, llamados etapas elementales. Cada etapa representa un choque entre partículas, la formación o ruptura de enlaces o la aparición de intermediarios que no se ven en la ecuación global.

Saber el mecanismo nos permite:

- Entender por qué la reacción tiene cierta velocidad.
- Predecir el efecto de cambios en la concentración.
- Diseñar catalizadores que actúen justo donde hace falta.
- Explicar por qué a veces aparecen intermedios o productos inesperados.

Veamos un ejemplo relacionado con la reacción anterior:

$$2NO_2 \rightarrow 2NO + O_2$$

El mecanismo puede ser:

1. $NO_2 + NO_2 \rightarrow NO_3 + NO$
2. $NO_3 + NO_2 \rightarrow NO + O_2$

Aquí, NO_3 es un ejemplo de compuesto intermedio, porque se forma en la primera etapa y desaparece en la segunda.

En todo mecanismo hay una etapa que es la más lenta, como el cuello de botella en una autopista. Esa etapa marca la velocidad total de la reacción.

Es muy importante tener claros los siguientes conceptos:

- Los intermedios se cancelan al sumar todas las etapas.
- Los productos aparecen solo al final.
- ¡Cuidado con no confundirlos con catalizadores, que también entran y salen, pero no se consumen!

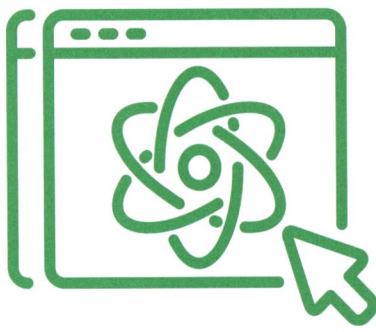

¿CÓMO SE RELACIONA CON LA VELOCIDAD DE REACCIÓN?

Cada etapa tiene su propia ley de velocidad y la ley de velocidad de la reacción global depende solo de la etapa lenta.

Por ejemplo, si en nuestra reacción la etapa lenta es:

$$A + B \rightarrow CA + B$$

Entonces la ley de velocidad será:

$$v = k[A][B]$$

Aunque la reacción final sea algo más complicado.

¿Y QUÉ PASA CON LOS CATALIZADORES?

Un catalizador actúa sobre una etapa específica del mecanismo, normalmente la más lenta, creando una nueva vía más rápida.

En resumen:

Concepto	Significado
Mecanismo de reacción	Secuencia de pasos por los que se forma el producto.
Etapa elemental	Paso individual con un choque simple
Intermediario	Aparece y desaparece en el mecanismo.
Etapa lenta	Determina la velocidad total.
Catalizador	Acelera la reacción actuando sobre el mecanismo.

TOMA AQUÍ TUS NOTAS

EJERCICIOS DE PRUEBAS DE ACCESO A LA UNIVERSIDAD

■ **Comunidad de Madrid 2023. Coincidentes:**

B3. A 25 °C han reaccionado A y B y se han realizado tres experimentos en los que se ha obtenido el valor de la velocidad inicial de reacción en función de las concentraciones iniciales de ambos reactivos.

Experimento	$[A]$/mol L^{-1}	$[B]$/mol L^{-1}	v/mol L^{-1} s^{-1}
1	0,10	0,10	$1,34 \times 10^{-4}$
2	0,10	0,30	$4,02 \times 10^{-4}$
3	0,20	0,10	$5,36 \times 10^{-4}$

■ Calcule los órdenes parciales y el orden total de reacción y escriba la ecuación de velocidad.

■ Calcule la constante de velocidad e indique sus unidades.

■ Si se repiten los experimentos a 30 °C, justifique si se obtendrán valores experimentales de la velocidad mayores, iguales o menos que a 25 °C.

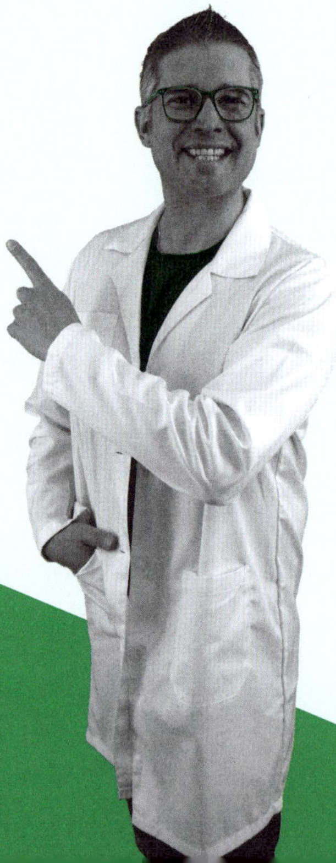

■ **Aragón 2024. Convocatoria ordinaria:**

4. La velocidad de la reacción $2A_{(g)} + B_{(g)} \rightarrow C_{(g)}$ se ha estudiado a 300 K de temperatura. Los experimentos realizados se muestran en la siguiente tabla:

Experimento	$[A]/$mol L^{-1}	$[B]/$mol L^{-1}	$v/$mol L^{-1} s^{-1}
1	0,25	0,25	0,015
2	0,25	0,50	0,030
3	0,50	0,50	0,120

- ■ Deduzca los órdenes parciales de los reactivos y el orden total de la reacción. Escriba también la expresión de la ecuación de velocidad.

- ■ Calcule la constante de velocidad, k, y especifique sus unidades.

- ■ Indique, de forma razonada, si sería posible aumentar la velocidad de reacción en el experimento 1 sin modificar la concentración de los reactivos ni aumentar la temperatura.

De cara a practicar te recomiendo que hagas los siguientes ejercicios de repaso:

1. La ecuación de velocidad para la reacción $2A + B \rightarrow C$ viene dada por la expresión $v = k[A][B]^2$. Justifica si las siguientes afirmaciones son verdaderas o falsas:

- ■ Duplicar la concentración de B hace que la constante cinética reduzca su valor a la mitad.

- ■ El orden total de la reacción es igual a 3.

- ■ Se trata de una reacción elemental.

- ■ Las unidades de la constante cinética son $[\text{Tiempo}]^{-1}$.

2. Para la reacción $A + B \rightarrow C$ se obtuvieron los siguientes resultados:

Ensayo	$[A]/$mol$\cdot L^{-1}$	$[B]/$mol L^{-1}	$v/$mol L^{-1} s^{-1}
1	0,1	0,1	x
2	0,2	0,1	2x
3	0,1	0,2	4x

- Determina la ecuación de velocidad.

- Determina las unidades de la constante cinética K.

- Indica cuál de los dos reactivos se consume más deprisa.

- Explica cómo se modifica la constante cinética, k, si se añade más reactivo B al sistema.

3. Para la reacción en fase gaseosa $A + B \leftrightarrow C$ los valores de entalpía de reacción y energía de activación de la reacción directa son:

$$\Delta H = -150 kJ \cdot mol^{-1} \text{ y } Ea = 85 kJ \cdot mol^{-1}$$

- Justifica el efecto de un aumento de temperatura en la constante de velocidad y en la velocidad de la reacción directa.

- Determina, para la reacción inversa $C \leftrightarrow A + B$, los valores de ΔH y Ea y justifica si la constante de velocidad de la reacción inversa será mayor o menor que la directa.

TOMA AQUÍ TUS NOTAS

7 EQUILIBRIO QUÍMICO

¿Alguna vez has pensado en esos procesos que parecen detenerse, pero en realidad siguen sucediendo en ambos sentidos? ¡Pues de eso trata el equilibrio químico! Imagina un partido de fútbol donde dos equipos luchan con la misma intensidad, marcando y recibiendo goles constantemente. El marcador puede parecer estático por un momento, pero la acción no para, ¿verdad?

En química, muchas reacciones no van simplemente de reactivos a productos y se quedan ahí. Muchas reacciones son como ese partido de fútbol, son reversibles. Esto significa que los productos también pueden reaccionar entre sí para volver a formar los reactivos originales. De este modo vamos a tener dos reacciones:

Reacción directa: Reactivos $\rightarrow$ Productos

Reacción inversa: Productos $\rightarrow$ Reactivos

Cuando la velocidad a la que los reactivos se transforman en productos es exactamente igual a la velocidad a la que los productos se transforman en reactivos, hemos alcanzado el equilibrio químico. En este punto, las cantidades de reactivos y productos permanecen constantes, aunque las reacciones sigan ocurriendo a nivel microscópico.

Kc, LA CONSTANTE DE EQUILIBRIO RELACIONADA CON LA CONCENTRACIÓN

Para saber "hacia dónde" se inclina un equilibrio, los químicos usan la constante de equilibrio, Kc. Esta constante nos dice la relación entre las concentraciones de los productos y los reactivos en el equilibrio a una temperatura dada. No hace una idea de en dónde encontramos más cantidad de moléculas, si en los productos o en los reactivos. Para una reacción reversible general como esta que tenemos a continuación:

$$aA + bB \rightleftharpoons cC + dD$$

La expresión de la constante de equilibrio Kc es:

$$Kc = \frac{[C]^c[D]^d}{[A]^a[B]^b}$$

Donde:

- [ ] indica la concentración molar (mol/L) de cada especie en el equilibrio.

- a, b, c y d son los coeficientes estequiométricos de la reacción ajustada.

¡Ojo, muy importante!

Solo se incluyen en la fórmula las concentraciones de las especies que se encuentren en estado gaseoso (g) o en disolución acuosa (ac). Los sólidos (s) y los líquidos puros (l) no se incluyen en la expresión de Kc porque su concentración permanece prácticamente constante.

Veamos un ejemplo de cómo se calcula Kc.

Tenemos la siguiente reacción en equilibrio a 500 °C:

$$N_{2(g)} + 3H_{2(g)} \rightleftharpoons 2NH_{3(g)}$$

En el equilibrio, las concentraciones son: [N2] = 0,2M, [H2] = 0,6M y [NH3] = 0,1M y nos piden calcular el valor de Kc.

Lo primero es escribir la expresión de Kc:

$$Kc = \frac{[NH_3]^2}{[N_2]^1[H_2]^3}$$

Sustituimos en la fórmula los valores de Kc en el equilibrio:

$$Kc = \frac{[0,1]^2}{[0,2]^1[0,6]^3}$$

Obteniendo que Kc = 0,23.

¿Cómo lo interpretamos?

Un valor de Kc menor que 1 indica que, en el equilibrio, la concentración de los reactivos es mayor que la de los productos. En este caso, el equilibrio se desplaza ligeramente hacia la izquierda.

De cara a hacer ejercicios, es frecuente que lo compliquen un poco más y nos den el valor de Kc y nos pidan calcular la concentración de las especies en el equilibrio. Este tipo de ejercicio es perfecto para hacerlo en un vídeo, por lo que te aconsejo que veas el del código QR donde te lo explico paso a paso.

LA CONSTANTE DE EQUILIBRIO CON PRESIONES PARCIALES (Kp)

Además de tener la constante de equilibrio que relaciona concentraciones, para reacciones en las que todos los reactivos y productos son gases, a veces es más conveniente expresar la constante de equilibrio en términos de las presiones parciales de los gases. Esta constante se llama *Kp*. Verás que es exactamente igual que la anterior, pero con presiones. Para la misma reacción general anterior en fase gaseosa:

$$aA_{(g)} + bB_{(g)} \rightleftharpoons cC_{(g)} + dD_{(g)}$$

La expresión de *Kp* es:

$$Kp = \frac{[PC]^c [PD]^d}{[PA]^a [PB]^b}$$

Donde *PA*, *PB*, *PC* y *PD* son las presiones parciales de los gases A, B, C y D en el equilibrio.

Veamos un ejercicio resuelto. Se considera el siguiente equilibrio a 1.000 K:

$$CO_{(g)} + H_2O_{(g)} \rightleftharpoons CO_{2(g)} + H_{2(g)}$$

Sabemos que, en el equilibrio, las presiones parciales son: $PCO = 0,2$ atm, $PH_2O = 0,3$ atm, $PCO_2 = 0,5$ atm y $PH_2 = 0,5$ atm. Calcula el valor de *Kp*.

Al igual que antes, ponemos la fórmula:

$$Kp = \frac{[PCO_2]^1 [PH_2]^1}{[PCO]^1 [PH_2O]^1}$$

Sustituimos el valor de las presiones y calculamos:

$$Kp = \frac{[0,5]^1 [0,5]^1}{[0,2]^1 [0,3]^1}$$

Obteniendo el valor de *Kp* = 4,17.

TOMA AQUÍ TUS NOTAS

LA RELACIÓN ENTRE Kc Y Kp

¿Existe alguna conexión entre *Kc* y *Kp*? Por supuesto y además es algo muy útil por si en un ejercicio nos dan los datos de un modo enrevesado.

La relación entre ambas constantes está dada por la siguiente ecuación:

$$K_p = K_c \cdot (RT)^{\Delta n}$$

Donde:

- R es la constante de los gases ideales (0,082 mol Katm L).

- T es la temperatura en Kelvin.

- Δn es la diferencia entre el número de moles de productos gaseosos y el número de moles de reactivos gaseosos.

$$\Delta n = \sum moles\ gaseosos\ de\ productos - \sum moles\ gaseosos\ de\ reactivos$$

De este modo si $\Delta n = 0$, se obtiene que $Kp = Kc$.

Veamos cómo aplicar esta relación en un ejemplo resuelto. Para ello, reutilizaremos el ejercicio que hicimos antes:

$$N_{2(g)} + 3H_{2(g)} \rightleftharpoons 2NH_{3(g)}$$

Sabiendo que se produce a 500 °C, además de esta reacción conocemos su valor de $Kc = 0,23$ que calculamos antes. Y nos piden calcular Kp:

Lo primero que haces es convertir la temperatura a Kelvin:

$$T = 500 + 273 = 773\ K$$

A continuación, calculamos Δn; para ello, nos fijamos en la reacción química ya ajustada y únicamente tenemos que sumar los índices estequiométricos de los productos y de los reactivos y restarlos:

$$\Delta n = \sum moles\ gaseosos\ de\ productos - \sum moles\ gaseosos\ de\ reactivos$$

$$\Delta n = (2) - (1 + 3)$$

$$\Delta n = -2$$

Y con todo preparado, ya sólo nos falta meter los datos en la fórmula:

$$K_p = K_c \cdot (RT)^{\Delta n}$$

$$K_p = 0,23 \cdot (0,0821 \cdot 773)^{-2}$$

$$K_p = 5,71 \times 10^{-5}$$

Esta relación es muy útil si nos piden los valores de las presiones parciales y no *Kc* o viceversa. Es una manera muy útil de poder cambiar de una a otra.

Ahora bien, hasta el momento asumimos que estamos en el equilibrio, pero ¿cómo saber, si estamos en el equilibrio 0, hacia dónde se dirige la reacción química? Para esto, el que no ayuda es el cociente de reacción (*Q*).

Es una expresión similar a la de *Kc*, por no decir que es igual, pero que se calcula con las concentraciones de reactivos y productos en cualquier momento de la reacción, no necesariamente han de estar en el equilibrio. De este modo, *Q* nos permite predecir en qué dirección se desplazará una reacción para alcanzar el equilibrio.

Volvamos a la reacción química general de antes:

$$aA + bB \rightleftharpoons cC + dD$$

La expresión del cociente de reacción *Q* es:

$$Q = \frac{[C]^c [D]^d}{[A]^a [B]^b}$$

En estos momentos, te podrás hacer la siguiente pregunta: ¿y para qué sirve *Q*? Pues en realidad nos ayuda mucho a saber cómo se va a comportar la reacción, ya que:

- Si Q < Kc: La relación entre productos y reactivos es menor que en el equilibrio. En términos coloquiales, el denominador es mayor y, para alcanzar el equilibrio, la reacción se desplazará hacia la derecha, favoreciendo la formación de más productos.

- Si Q > Kc: La relación entre productos y reactivos es mayor que en el equilibrio. Y, en este caso, para alcanzar el equilibrio, la reacción se desplazará hacia la izquierda, favoreciendo la formación de más reactivos.

- Si Q = Kc: El sistema ya está en equilibrio.

Veamos un ejercicio resuelto.

Para esta reacción que ya conoces que se produce a 500 °C:

$$N_{2(g)} + 3H_{2(g)} \rightleftharpoons 2NH_{3(g)}$$

Sabemos que *Kc* = 0,23 y, en un momento dado, medimos las concentraciones de productos y reactivo, obteniendo lo siguiente:

$$[N2] = 0,1 \text{ M}, [H2] = 0,3 \text{ M y } [NH3] = 0,4 \text{M}$$

Nos piden predecir en qué dirección se desplazará la reacción para alcanzar el equilibrio. Para ello hacemos uso del cociente de reacción:

$$Q = \frac{[NH_3]^2}{[N_2]^1[H_2]^3}$$

Sustituimos los valores que nos dan:

$$Q = \frac{[0,4]^2}{[0,1]^1[0,3]^3}$$

Obteniendo que $Q = 59,26$.

El valor de Q es mucho mayor que Kc. De este modo como $Q > Kc$, la reacción se desplazará hacia la izquierda, favoreciendo la formación de N_2 y H_2, hasta que se alcance el equilibrio donde Q sea igual a Kc. Esto se debe a que hay mayor concentración de productos, por lo que, para alcanzar el equilibrio, decide que la reacción vaya a la izquierda para que el cociente entre concentraciones consiga el valor 1.

TOMA AQUÍ TUS NOTAS

EL GRADO DE DISOCIACIÓN, α, ¿CUÁNTO SE DESCOMPONE?

El grado de disociación, conocido con la letra "α", es una forma de cuantificar cuánto se han disociado, o descompuesto, los reactivos para alcanzar el equilibrio. Se define como la fracción o el porcentaje de moles iniciales de un reactivo que se han transformado en productos al alcanzar el equilibrio:

$$\alpha = \frac{moles\ disociados}{moles\ iniciales}$$

El valor de α varía entre 0, cuando no se ha disociado nada, y 1 cuando se ha disociado todo, es decir, se ha descompuesto el 100 %.

Hagamos un ejercicio sencillo para entender el concepto.

En un recipiente de 1 litro, se introducen 0,5 moles de $N_2O_{4(g)}$. A 100 °C, se establece el siguiente equilibrio:

$$N_2O_{4(g)} \rightleftharpoons 2NO_{2(g)}$$

Además, nos dicen que en el equilibrio se encuentran 0,1 moles de $NO_{2(g)}$ y nos piden calcular el grado de disociación de N_2O_4.

En este caso, hay que fijarse mucho en los datos que nos dan, ya que nos dan los moles iniciales de $N_2O_{4(g)}$, pero el dato del equilibrio que nos ofrecen es el del $NO_{2(g)}$, por lo que lo primero que tenemos que hacer es calcular por estequiometría los moles de $N_2O_{4(g)}$ que encontramos en el equilibrio:

$$0,1\ moles\ de\ NO_2(g) \cdot \frac{1\ mol\ de\ N_2O_4}{2\ mol\ de\ NO_2} = 0,05\ mol\ de\ N_2O_4$$

Ahora que tenemos los moles en el equilibrio, ya podemos hacer uso de la fórmula del grado de disociación:

$$\alpha = \frac{0,05\ moles\ disociados}{0,5\ moles\ iniciales} = 0,1 \rightarrow 10\ \%$$

Se ha disociado un 10 %.

¿Qué te parece si hacemos un ejercicio más complicado?

En el vídeo del código QR tienes un ejercicio un poco más complicado en el que tendrás que hacer uso del grado de disociación para obtener la solución del problema. Te animo a verlo.

EL PRINCIPIO DE LE CHATELIER

Imagina que tienes un equilibrio químico establecido, como esa balanza perfecta entre reactivos y productos. ¿Qué pasa si intentas molestar a ese equilibrio cambiando las condiciones? Pues en realidad lo que sucede es que el sistema reaccionará para contrarrestar ese cambio y tratar de volver al equilibrio. Así de sencillo: digamos que busca siempre la estabilidad y estar tranquilo.

El principio de Le Chatelier nos ayuda a predecir qué es lo que ocurre en el equilibrio dependiendo del factor que afecte a la reacción química. Los principales factores que pueden alterar un equilibrio son:

- **Cambios en la concentración:** Si añades más reactivo, el equilibrio se desplazará hacia la derecha para consumir ese exceso y formar más producto. Si añades más producto, se desplazará hacia la izquierda para formar más reactivo.

- **Cambios en la presión, en sistemas gaseosos:** Si aumentas la presión, el equilibrio se desplazará hacia el lado que tenga menos moles de gas para disminuir la presión. Si disminuyes la presión, se desplazará hacia el lado con más moles de gas. Es decir, tenemos que sumar los índices estequiométricos de la reacción ya ajustada para así saber hacia dónde va la reacción.

- **Cambios en el volumen, en sistemas gaseosos:** Si aumentas el volumen, el equilibrio se desplazará hacia el lado que tenga más moles de gas. Si disminuyes la presión, se desplazará hacia el lado con menos moles de gas. La reacción es consciente del espacio que dispone y decide según el volumen aumenta o disminuye.

- **Cambios en la temperatura:** Si aumentas la temperatura, el equilibrio se desplazará en la dirección que absorba calor, es decir, en el sentido en el que la reacción es endotérmica. Si disminuyes la temperatura, se desplazará en la dirección que libere calor, por tanto, hacia donde la reacción es exotérmica. Nos fijamos en el signo de la entalpía y decidimos el sentido según proceda.

- **Adición de un catalizador:** Un catalizador acelera tanto la reacción directa como la inversa en la misma medida. Por lo tanto, no afecta la posición del equilibrio. Solo hace que se alcance más rápido.

Veamos un ejercicio resuelto, un clásico que nos puede entrar en un examen.

Considera el siguiente equilibrio exotérmico:

$$N_{2(g)} + 3H_{2(g)} \rightleftharpoons 2NH_{3(g)} \quad \Delta H < 0$$

Y nos piden predecir cómo se desplazará el equilibrio en las siguientes situaciones:

- a) **Se añade más $N_{2(g)}$:** Para contrarrestar el aumento de la concentración de N_2, el equilibrio se desplazará hacia la derecha, favoreciendo la formación de más NH_3.

- b) **Se aumenta la presión del sistema:** En el lado izquierdo hay 4 moles de gas que corresponden 1 de N_2 + 3 de H_2 y en el lado derecho hay 2 moles de NH_3. Para disminuir la presión, el equilibrio se desplazará hacia el lado con menos moles de gas, es decir, hacia la derecha, favoreciendo la formación de NH_3.

c) **Se disminuye la temperatura:** La reacción directa es exotérmica, ya que nos indican que la entalpía es negativa, es decir, libera calor. Al disminuir la temperatura, el equilibrio se desplazará en la dirección que produzca calor, es decir, hacia la derecha, favoreciendo la formación de NH_3.

d) **Se añade un catalizador:** Un catalizador no afecta la posición del equilibrio. Solo hará que se alcance el equilibrio más rápido.

Así de fácil y sencilla. Si te paras a pensar, tiene lógica y todo el sentido del mundo, ¿verdad? En cuanto hagas otro ejercicio, lo tendrás dominado al 100 %.

SOLUBILIDAD Y PRODUCTO DE SOLUBILIDAD

Algunos compuestos que consideramos insolubles en realidad se disuelven en una pequeña cantidad en agua, estableciendo un equilibrio entre el sólido y sus iones disueltos. La constante de equilibrio para este proceso se llama producto de solubilidad, *Kps*.

Para un sólido iónico A_mB_n que se disuelve en agua:

$$A_mB_{n\,(s)} \rightleftharpoons mA^{n+}_{(ac)} + nB^{m-}_{(ac)}$$

La expresión del producto de solubilidad es:

$$Kps = [A^{n+}]^m[B^{m-}]^n$$

Donde $[A^{n+}]$ y $[B^{m-}]$ son las concentraciones molares de los iones en el equilibrio, es decir, la solubilidad molar. Hay que tener cuidado de que el sólido A_mB_n no aparece en la expresión de *Kps* porque es un sólido puro.

Hagamos un ejercicio.

La solubilidad molar del cloruro de plata, $AgCl$, en agua a 25 °C es de $1,3 \times 10^{-5}$ M. Calcula el valor de su producto de solubilidad, *Kps*.

Lo primero que tenemos que hacer es escribir la ecuación de disolución:

$$AgCl_{(s)} \rightleftharpoons Ag^+_{(ac)} + Cl^-_{(ac)}$$

A continuación, escribimos la expresión del producto de solubilidad:

$$Kps = [Ag^+][Cl^-]$$

Ahora relacionamos las concentraciones de los iones con la solubilidad, "*s*", teniendo en cuenta que, por cada mol de $AgCl$ que se disuelve, se forma 1 mol de Ag^+ y 1 mol de Cl^- y por tanto:

$$[Ag+] = s = 1,3 \times 10^{-5} \text{ M y } [Cl-] = s = 1,3 \times 10^{-5} \text{ M.}$$

Ya solo nos queda sustituir en la expresión del producto de solubilidad:

$$Kps = (1,3 \times 10^{-5})(1,3 \times 10^{-5}) = 1,69 \times 10^{-10}$$

Así de fácil y sencillo.

EL EFECTO DEL ION COMÚN

El efecto del ion común describe cómo varía la solubilidad de una sal poco soluble cuando se añade a una disolución que ya contiene uno de los iones de esa sal. La mejor manera de entender el efecto del ion común es haciendo un ejercicio.

En esta ocasión, nos piden calcular la solubilidad molar del cloruro de plata, AgCl, en una disolución 0,01 M de nitrato de plata ($AgNO_3$). El Kps del AgCl es $1,69 \times 10^{-10}$.

Lo primero que tenemos que hacer es escribir la ecuación de disolución del AgCl y la expresión de Kps:

$$AgCl(s) \rightleftharpoons Ag^+_{(ac)} + Cl^-_{(ac)}$$

$$Kps = [Ag^+]\,[Cl^-] = 1,69 \times 10^{-10}$$

Ahora tenemos que considerar la presencia del ion común, Ag^+, del $AgNO_3$. El $AgNO_3$ es soluble y se disocia completamente:

$$AgNO_{3(ac)} \longrightarrow Ag^+_{(ac)} + NO_3^-{}_{(ac)}$$

Por lo que la concentración de Ag^+ aportada por el $AgNO_3$ es de 0,01 M.

Ahora es cuando definimos la solubilidad del AgCl en esta disolución como "s".

En el equilibrio:

$$[Cl^-] = s \text{ y } [Ag^+] = s + 0,01$$

En el caso de la plata, la "s" viene del AgCl disuelto más el 0,01 M del AgNO3.

Ya solo nos queda sustituir las concentraciones en la expresión del producto de solubilidad:

$$Kps = s \cdot (s + 0,01)$$

Muy importante, como el valor de Kps es muy pequeño, $1,69 \times 10^{-10}$, la solubilidad "s" del AgCl en esta disolución será mucho menor que 0,01 M. Por lo tanto, podemos aproximar $(s + 0,01) = 0,01$.

De este modo nos queda únicamente despejar:

$1,69 \times 10^{-10} = s\,(0,01) =$

$$s = \frac{1,69 x 10^{-10}}{0,01} = 1.69 \times 10^{-8} M$$

La solubilidad del AgCl en una disolución de $AgNO_3$ con una concentración 0,01 M resulta ser $1,69 \times 10^{-8}$ M, mucho menor que su solubilidad en agua pura, que adquiere un valor de $1,3 \times 10^{-5}$ M.

EJERCICIOS DE PRUEBAS DE ACCESO A LA UNIVERSIDAD

■ **Comunidad de Madrid, julio 2024:**

A4. La síntesis industrial del metanol viene dada por: $CO_{(g)} + 2\ H_{2(g)} \rightleftharpoons CH_3OH_{(g)}$. La reacción tiene lugar en un recipiente de 5 L y a 510 °C se alcanza el equilibrio, obteniéndose 0,78 mol de metanol. Calcule:

a) Las concentraciones de cada especie en el equilibrio, si se ha partido de 1 mol de CO y 2 mol de H_2.

b) Las constantes de equilibrio, Kc y Kp.

Datos: $R = 0,082$ atm·L·mol^{-1}·K^{-1}. Entalpías de formación estándar a 25 °C (kJ·mol^{-1}): $CO_{(g)} = -110,5$; $CH_3OH_{(g)} = -238,7$.

■ **Castilla-La Mancha, junio 2024:**

Pregunta 1. A una temperatura de 460 °C se introdujeron 2,5 moles de NOCl en un recipiente cerrado de volumen 1 L. Una vez alcanzado el equilibrio se determinó que se habían formado 0,78 moles de NO.

$$2NOCl_{(g)} \rightleftharpoons Cl_{2(g)} + 2NO_{(g)}$$

a) Calcule la constante de equilibrio Kc.

b) Calcule la constante de equilibrio Kp.

c) Calcule la presión total de la mezcla en equilibrio a esa temperatura.

Datos: $R = 0,082$ atm L mol^{-1} K^{-1}.

■ **La Rioja, junio 2023:**

Pregunta 8. La descomposición de un compuesto en estado gaseoso A tiene lugar a alta temperatura según la reacción:

$$A_{(g)} \rightleftharpoons B_{(g)} + C_{(g)}$$

A 250 °C la constante de equilibrio Kc es igual a 10. Si se introducen 1,2 moles de A en un matraz cerrado de 2 L y se deja al sistema que alcance el equilibrio:

a) Calcule las concentraciones de todas las especies (A, B y C) en el equilibrio.

b) Calcule la Kp y la presión total del sistema en el equilibrio.

c) ¿Hacia dónde se desplazará el equilibrio si el volumen del recipiente se reduce a la mitad?

Datos: $R = 0,082$ atm L mol^{-1} K^{-1}.

EJERCICIOS DE REPASO

1. Se introduce cierta cantidad de COCl en un recipiente de 1 L a 500 K y 0,94 atm, produciéndose su descomposición según la reacción:

$$COCl_{(g)} \rightarrow CO_{(g)} + Cl_{(g)}$$

Sabiendo que a dicha temperatura el valor de Kp es 0,19, calcule:

a) La concentración molar inicial de $COCl_2$.

b) Las concentraciones molares de cada especie en el equilibrio.

c) La presión parcial de cada uno de los gases en el equilibrio.

Dato: $R = 0,082$ atm L mol^{-1} K^{-1}.

2. El cloruro de oro (III) es una sal muy poco soluble en agua. Responda a las siguientes cuestiones:

a) Escriba el equilibrio de solubilidad del cloruro de oro (III) en agua, detallando el estado de las especies, y la expresión de Ks en función de su solubilidad.

b) Sabiendo que la sal presenta una solubilidad de 0,010 mg en 100 mL de agua a 20 °C, calcule la constante del producto de solubilidad a esa temperatura.

c) Calcule la nueva solubilidad si se añade sulfuro de oro (III) a la disolución del enunciado, hasta alcanzar una concentración total de Au(III) de 0,1 M. Razone y explique el efecto que tiene lugar.

Datos: Masas atómicas (u): Cl = 35,5; Au = 197.

3. El compuesto $NOBr_{(g)}$ descompone según la reacción:

$$2NOBr_{(g)} \rightleftharpoons 2NO_{(g)} + Br_{2(g)} \ (\Delta H = + 16,3 \text{ kJ/mol})$$

En un matraz de 1 L se introducen 2 mol de NOBr. Cuando se alcanza el equilibrio a 25 °C, se observa que se han formado 0,050 mol de Br_2. Calcule:

a) Las concentraciones de cada especie en el equilibrio.

b) Kc y Kp.

c) La presión total.

d) Justifique dos formas de favorecer la descomposición del NOBr.

Dato: $R = 0,082$ atm L mol^{-1} K^{-1}.

REACCIONES ÁCIDO-BASE Y AJUSTE *REDOX*

Imagina que estás exprimiendo un limón sobre un vaso con agua. Tomas un sorbo... ¡y pones cara de "¡agriooo!". Eso que estás sintiendo es el poder de un ácido actuando directamente sobre tus papilas gustativas. Ahora imagina que limpias tu casa con amoníaco. El olor es fuerte, como picante en la nariz. Eso es una base haciendo su trabajo.

En química, los ácidos y las bases están por todas partes: en la comida, en los productos de limpieza, en tu cuerpo, incluso en los océanos y en la atmósfera. Y, aunque parezca que no tienen mucho en común, en realidad son como dos jugadores opuestos de un mismo equipo, el equilibrio químico. Cuando se encuentran, se neutralizan, formando agua y una sal. Es como si dijeran: "Vale, ya está, empate".

Pero ¿qué es exactamente un ácido? ¿Y una base? ¿Por qué el jugo de limón es ácido y el jabón es básico? ¿Qué tiene que ver todo esto con el pH?

En este capítulo vas a descubrir:

- Qué son los ácidos y las bases desde varios puntos de vista. ¡Sí, hay más de una forma de definirlos!

- Qué significa eso de tener un pH bajo o alto.

- Qué ocurre cuando un ácido y una base se enfrentan.

- Y cómo todo esto influye en la vida cotidiana, desde la digestión hasta las pilas.

También aprenderás a reconocer sustancias ácidas y básicas, a formular y nombrar algunos compuestos y a resolver ejercicios sencillos con sentido común químico.

Prepárate para entrar en un mundo donde las sustancias tienen carácter, ya que algunas son agresivas, otras suaves, unas pican, otras resbalan, pero todas tienen algo en común:

Juegan un papel esencial en la química de la vida.

¿QUÉ ES UN ÁCIDO? ¿Y UNA BASE?

Cuando hablamos de ácidos y bases en química, lo primero que viene a la cabeza es el sabor agrio del vinagre o la sensación resbalosa del jabón. Pero, más allá de nuestras percepciones, la química tiene definiciones muy precisas para estas sustancias. De hecho, existen varias teorías que explican qué es un ácido y qué es una base. Las más conocidas son las de Arrhenius y Brønsted-Lowry.

LA TEORÍA DE ARRHENIUS: ÁCIDOS Y BASES EN AGUA

Fue propuesta en 1884 por el químico sueco Svante Arrhenius, y es ideal para empezar a entender este tema. Según él:

■ Un ácido es una sustancia que, al disolverse en agua, libera iones hidrógeno H^+.

Por ejemplo, el ácido clorhídrico (HCl) en agua se separa así:

$$HCl \rightarrow H^+ + Cl^-$$

■ Una base es una sustancia que, al disolverse en agua, libera iones hidroxilo OH^-.

Por ejemplo, el hidróxido de sodio (NaOH) se disocia así:

$$NaOH \rightarrow Na^+ + OH^-$$

Esta teoría fue muy útil, pero tenía una limitación importante, ya que solo funcionaba en disoluciones acuosas, es decir, según Arrhenius, si no hay agua de por medio, no puedes tener ácidos ni bases. Y eso en la química moderna no nos basta. Es por ello que tenemos la segunda teoría.

LA TEORÍA DE BRØNSTED-LOWRY: ÁCIDOS QUE DONAN PROTONES

En 1923, dos químicos, Johannes Brønsted y Thomas Lowry, propusieron una teoría más general. Según ellos:

■ Un ácido es una sustancia que dona un protón (H^+).

■ Una base es una sustancia que acepta un protón (H^+).

Sí, has leído bien, todo gira en torno a los protones, que es otra forma de llamar a los iones hidrógeno, H^+.

TOMA AQUÍ TUS NOTAS

Veamos un ejemplo:

$$HCl + H_2O \rightarrow H_3O^+ + Cl^-$$

Aquí, el HCl dona un protón al agua. Por tanto, HCl es un ácido.

El agua acepta ese protón y se convierte en H_3O^+, al que llamaremos ión hidronio. En este caso, el agua actúa como base.

Esta teoría es mucho más amplia y útil, ya que:

- No necesita que haya agua y puede aplicarse en otros disolventes.

- Explica muchas reacciones químicas más allá de las simples disoluciones.

Además, la teoría de Brønsted-Lowry introduce un concepto muy interesante: cada ácido tiene una base conjugada, y cada base tiene un ácido conjugado.

Por ejemplo:

$$HCl \text{ (ácido)} \rightarrow Cl^- \text{ (base conjugada)}$$

$$NH_3 \text{ (base)} \rightarrow NH_4^+ \text{ (ácido conjugado)}$$

Con estas dos teorías ya tienes las herramientas necesarias para entender y clasificar la mayoría de las reacciones ácido-base que encontrarás tanto en la vida diaria como en el laboratorio. En el siguiente apartado, exploraremos otra pieza clave: la escala de pH, que nos dice cuán ácido o básico es algo.

PH, POH Y PKW. ¿QUÉ USAMOS PARA MEDIR PH?

¿Alguna vez has usado papel tornasol para saber si una sustancia es ácida o básica? ¿O has visto que un champú diga "pH neutro"? El pH es una forma rápida de medir cuán ácido o básico es algo y es una herramienta fundamental en química.

¿QUÉ ES EL PH?

El término pH proviene del francés, "*pouvoir hydrogène*", que significa "potencial de hidrógeno" e indica la concentración de iones H^+ en una disolución.

Cuantos más H^+ hay, más ácida es la sustancia. Cuantos menos H^+, más básica.

La fórmula del pH es:

$$pH = -log[H^+]$$

Por ejemplo, si $[H^+] = 10^{-3}$, entonces:

$$pH = -log[10^{-3}]$$

$$pH = 3$$

El pH no tiene unidades y normalmente se mide en una escala de 0 a 14:

pH	Tipo de sustancia	Ejemplo
0-6,9	Ácida	Zumo de limón, vinagre
7	Neutra	Agua pura
7,1-14	Básica (alcalina)	Jabón, amoníaco

¿Y QUÉ ES EL POH?

Así como el pH mide los protones H^+, el pOH mide los iones hidroxilo OH^-, que son típicos de las bases.

Su fórmula es muy similar:

$$pOH = -log[OH^-]$$

Además, hay algo que debes conocer, ya que, en cualquier disolución acuosa a 25 °C, se cumple la siguiente relación:

$$pH + pOH = 14$$

Algo muy útil ya que, si sabes el pH, puedes calcular el pOH ¡y viceversa!

¿Y QUÉ ES EL PKW?

La constante del agua, K_w, representa el producto de las concentraciones de H^+ y OH^- en el agua:

$$K_w = [H^+][OH^-]$$

$$K_w = 1 \times 10^{-14}$$

Si le aplicamos logaritmos:

$$pK_w = -log[K_w] = 14$$

De esta manera, siempre se cumple que:

$$pH + pOH = pK_w$$

$$pH + pOH = 14$$

Una relación muy útil para conocer el pH si me dan el pOH y viceversa.

¿QUÉ USAMOS PARA MEDIR EL PH?

Hay varias formas de saber el pH de una sustancia, desde métodos caseros hasta herramientas de laboratorio:

1. **Papel indicador o papel tornasol:** Cambia de color según el pH. Es barato y fácil de usar, aunque no muy preciso.

2. **Indicadores líquidos (como la fenolftaleína o el naranja de metilo):** Son sustancias que cambian de color según el pH. Se usan mucho en experimentos.

3. **Tiras de pH universales:** Son como papel tornasol, pero con una escala de colores más detallada. Te dan una estimación bastante buena del pH.

4. **pH-metros o medidores digitales:** Son aparatos electrónicos que dan una lectura precisa del pH. Se usan en laboratorios, industrias, e incluso en acuarios.

ÁCIDOS Y BASES: FUERTES Y DÉBILES

No todos los ácidos y las bases se comportan igual. Algunos entran al agua como si se lanzaran en bomba a una piscina, se disocian completamente y liberan todos sus iones. Son los llamados ácidos y bases fuertes.

Otros, en cambio, son más reservados. Se quedan en el borde de la piscina, dudando, soltando apenas unos pocos iones. A estos los llamamos ácidos y bases débiles.

La diferencia entre unos y otros no está en si "queman más" o en si "huelen peor". La verdadera clave está en lo que pasa a nivel molecular, cuando los disolvemos en agua.

Un ácido fuerte es aquel que, al disolverse en agua, se disocia completamente. Es decir, todas sus moléculas se rompen para liberar iones hidrógeno H^+.

Por ejemplo, cuando disuelves ácido clorhídrico (HCl) en agua, la reacción es así:

$$HCl \rightarrow H^+ + Cl^-$$

Y lo más importante es que esto sucede con todas las moléculas de HCl. No queda ninguna sin disociar. Eso significa que la solución tiene una gran cantidad de iones H^+, lo que se traduce en un pH muy bajo. Recuerda siempre que un ácido fuerte tiene un pH bajo.

Otros ejemplos de ácidos fuertes son:

- Ácido nítrico (HNO_3).

- Ácido sulfúrico (H_2SO_4, en su primera disociación).

- Ácido perclórico ($HClO_4$).

Las bases fuertes hacen lo mismo, pero liberando iones hidroxilo OH^-. También se disocian al 100 %, sin titubeos.

Por ejemplo:

$$NaOH \rightarrow Na^+ + OH^-$$

Cada molécula de hidróxido de sodio libera un ión OH^-. Cuantos más OH^- haya, más básico será el pH, recuerda que un ácido fuerte tiene un pH alto.

Otras bases fuertes son:

- Hidróxido de potasio (KOH).

- Hidróxido de calcio ($Ca(OH)_2$).

- Hidróxido de bario ($Ba(OH)_2$).

Un ácido débil solo se disocia parcialmente en agua. Muchas de sus moléculas no liberan H^+, sino que permanecen intactas.

Por ejemplo, el ácido acético (CH_3COOH), que está en el vinagre, reacciona así:

$$CH_3COOH \rightleftharpoons H^+ + CH_3COO^-$$

Ese símbolo $\rightleftharpoons$ indica que estamos ante un equilibrio y que solo una pequeña parte se disocia. Por eso, aunque sea un ácido, su pH no es tan bajo como el de un ácido fuerte. Y, además, es reversible, por lo que los iones pueden volver a juntarse.

Otros ácidos débiles son:

- Ácido carbónico (H_2CO_3, el de las bebidas gaseosas).

- Ácido fosfórico (H_3PO_4).

- Ácido fórmico ($HCOOH$).

Las bases débiles tampoco se disocian del todo. Un buen ejemplo es el amoníaco, NH_3, muy usado en productos de limpieza. En agua, el amoníaco acepta un H^+ del agua y forma el ión amonio:

$$NH_3 + H_2O \rightleftharpoons NH_4^+ + OH^-$$

Pero solo una pequeña parte de las moléculas de amoníaco reaccionan. Por eso su capacidad básica es menor que la de una base fuerte como NaOH.

Otras bases débiles son:

- Metilamina (CH_3NH_2).

- Piridina (C_5H_5N).

¿QUÉ SIGNIFICA "FUERTE" O "DÉBIL"?

Muchos estudiantes piensan que fuerte es igual a corrosivo o peligroso, pero eso no es del todo cierto:

- Un ácido fuerte se disocia totalmente, sin importar su concentración.

- Un ácido débil se disocia parcialmente, incluso aunque pongas mucha cantidad.

Recuerda que fuerza no es lo mismo que concentración.

Puedes tener un ácido fuerte muy diluido o un ácido débil muy concentrado. Son cosas distintas.

Ahora bien, ¿cómo saber si es fuerte o débil? La fuerza de un ácido o una base se mide por cuánto se disocian, y eso lo indican unos valores llamados constantes de disociación.

Para los ácidos, usamos Ka **constante de acidez**.

Para las bases, usamos Kb **constante de basicidad**.

Cuanto mayor sea el valor de Ka o Kb, más fuerte será el ácido o la base. Además, también puedes ver el grado de disociación α, que nos dice qué porcentaje de las moléculas se disocian. Si $\alpha = 1$, es fuerte mientras que si $\alpha < 1$, será débil.

¿QUÉ ES Ka? ¿Y CÓMO ME AYUDA A CALCULAR EL PH?

Cuando un ácido débil se disuelve en agua, tal y como hemos visto antes, no se disocia completamente, sino que solo una parte de sus moléculas libera protones H^+, mientras que el resto se queda sin reaccionar.

Esto da lugar a un equilibrio químico:

$$HA \rightleftharpoons H^+ + A^-$$

Es en este momento donde entra en juego Ka, la constante de acidez que nos indica cuánto se disocia un ácido débil.

La expresión de Ka es:

$$K_a = \frac{[H^+][A^-]}{[HA]}$$

Donde:

- $[H^+]$ es la concentración de iones hidrógeno. También se puede poner como $[H_3O^+]$.

- $[A^-]$ es la concentración del ión negativo, el que queda al perder el H^+.

- $[HA]$ es la concentración del ácido que no se ha disociado.

Cuanto más grande sea Ka, más se disocia el ácido, más H^+, pH más bajo.

Cuanto más pequeña sea Ka, menos se disocia el ácido, menos H^+, pH más alto.

Hagamos un ejercicio paso a paso. ¿Cuál es el pH de una disolución 0,10 M de ácido acético (CH_3COOH), sabiendo que Ka = $1,8 \times 10^{-5}$?

- **Paso 1:** Escribimos la ecuación de disociación:

$$CH_3COOH \rightleftharpoons CH_3COO^- + H^+$$

- **Paso 2:** Creamos una tabla de equilibrio:

	CH_3COOH	CH_3COO^-	H^+
Inicial (mol/L)	0,10	0	0
Cambio	$-x$	$+x$	$+x$
Equilibrio	$0,10 - x$	x	x

- **Paso 3:** Usamos la expresión de Ka:

$$K_a = \frac{[H^+][CH_3COO^-]}{[CH_3COOH]}$$

$$K_a = \frac{[x][x]}{[0,10 - x]}$$

Como Ka es muy pequeño, suponemos que x es mucho menor que 0,10, así que:

$$0,10 - x \approx 0,10$$

Esto lo podemos hacer cuando Ka es pequeño y la concentración inicial del ácido es mucho mayor.   Ahora sustituimos:

$$1,8 x 10^{-5} = \frac{x^2}{0,10}$$

- **Paso 4:** Resolvemos:

$$x^2 = 1,8 \times 10^{-5} \cdot 0,10$$

$$x = 1,34 \times 10^{-3}$$

Ese valor de x es la concentración de H^+:

$$[H^+] = 1,34 \times 10^{-3} \, mol/L$$

Por último, calculamos el pH:

$$pH = -\log[H^+] \rightarrow pH = -log[1,34 \times 10^{-3}] \rightarrow pH = 2,87$$

¿QUÉ ES K_B? ¿Y CÓMO ME AYUDA A CALCULAR EL PH?

Así como los ácidos débiles no se disocian del todo, las bases débiles tampoco. Algunas de sus moléculas capturan protones H^+, pero otras no reaccionan. Esto también crea un equilibrio químico, y ahí entra la K_b, la constante de basicidad.

K_b indica cuánta base reacciona con el agua para formar iones OH^-:

- Si K_b es grande, la base se disocia más, más OH^-, pH más alto, es decir, más básico.

- Si K_b es pequeña, se disocia poco, menos OH^-, pH menos básico.

La expresión de K_b para reacción es:

$$H_2O + B \rightleftharpoons BH^+ + OH^-$$

$$K_b = \frac{[BH^+][OH^-]}{[B]}$$

Donde:

- $[OH^-]$ es la concentración de iones hidroxilo.

- $[BH^+]$ es la base después de aceptar un protón.

- $[B]$ es la concentración de la base que no ha reaccionado.

Hagamos un ejercicio. ¿Cuál es el pH de una disolución 0,25 M de amoníaco, NH_3, sabiendo que $K_b = 1,8 \times 10^{-5}$?

- **Paso 1:** Escribimos la ecuación de equilibrio:

$$NH_3 + H_2O \rightleftharpoons NH_4^+ + OH^-$$

El NH_3 actúa como una base débil que acepta H^+ del agua.

- **Paso 2:** Tabla de concentraciones:

	NH_3	OH	NH4
Inicial (mol/L)	0,25	0	0
Cambio	$-x$	$+x$	$+x$
Equilibrio	$0,25 - x$	x	x

- **Paso 3:** Aplicamos la expresión de K_b:

$$K_b = \frac{[NH_4^+][OH^-]}{[NH_3]}$$

$$K_b = \frac{[x][x]}{[0{,}25 - x]}$$

Como K_b es pequeña, asumimos que:

$$0{,}25 - x \approx 0{,}25$$

Entonces:

$$1{,}8x10^{-5} = \frac{x^2}{0{,}25}$$

- **Paso 4:** Calculamos x:

$$x^2 = 1{,}8 \times 10^{-5} \cdot 0{,}25$$

$$x = 4{,}5 \times 10^{-6}$$

Ese valor de x es la concentración de OH⁻:

$$[OH^-] = 4{,}5 \times 10^{-6}\ \text{mol/L}$$

Ahora es el momento de calcular el pOH:

$$pOH = -\log[OH^-] \rightarrow pOH = -log[4{,}5 \times 10^{-6}] \rightarrow pOH = 2{,}67$$

Y, por último, calculamos el pH sabiendo que:

$$pH + pOH = 14$$

Entonces:

$$pH = 14 - 2{,}67 \rightarrow pH = 11{,}33$$

RELACIÓN ENTRE K_a Y K_b

La relación entre K_a y K_b de un ácido y su base conjugada viene dada por la constante de ionización del agua, K_w. Esta constante tiene un valor constante de $1,0 \times 10^{-14}$ a 25 °C.

La relación matemática es:

$$K_a \times K_b = K_w$$

Esto significa que el producto de las constantes de acidez y basicidad de un ácido y su base conjugada siempre será igual a $1,0 \times 10^{-14}$.

$$K_a \times K_b = 1,0 \times 10^{-14}$$

¿POR QUÉ ES IMPORTANTE ESTA RELACIÓN?

Esta fórmula nos dice que si conocemos K_a de un ácido, podemos calcular K_b de su base conjugada y viceversa, y así poder entender cómo se comportan en solución acuosa y obtener el dato que necesitemos en cada ejercicio.

Veamos un ejemplo. Si tenemos un ácido con un valor de $K_a = 1,8 \times 10^{-5}$, entonces podemos encontrar K_b para el ión de su base conjugada usando la relación $K_a \times Kb = 1,0 \times 10^{-14}$.

$$K_a \times K_b = 1,0 \times 10^{-14}$$

$$1,8 \times 10^{-5} \times K_b = 1,0 \times 10^{-14}$$

$$Kb = \frac{1,0 \times 10^{-14}}{1,8 x 10^{-5}} = 5,55 x 10^{-10}$$

¿PARA QUÉ SE USA ESTA RELACIÓN?

- **Calcular pH o el pOH:** Usar K_a o K_b para calcular la concentración de iones H^+ o OH^-, y de ahí determinar el pH o pOH de una disolución.

- **Predecir el comportamiento ácido-base:** Dependiendo de los valores de K_a y K_b, podemos predecir si una sustancia será ácida o básica.

- **Estudio de ácido-base conjugados:** Comprender cómo los ácidos y sus bases conjugadas están interrelacionados en el equilibrio químico.

TOMA AQUÍ TUS NOTAS

REACCIONES DE NEUTRALIZACIÓN

Una reacción de neutralización es una reacción química entre un ácido y una base que da como resultado un sal y agua. Es como un "duelo químico" en el que el ácido dona protones (H^+) y la base los acepta, generalmente aportando OH^-, y ambos se cancelan mutuamente, es como si acabaran en tablas.

La ecuación general es:

$$\text{Ácido} + \text{Base} \rightarrow \text{Sal} + \text{Agua}$$

O en términos de iones:

$$H^+ + OH^- \rightarrow H_2O$$

Ahora que ya sabemos lo que es este proceso, quizás nos debamos preguntar: "¿Qué sucede durante una neutralización?".

Cuando mezclamos un ácido y una base en proporciones adecuadas, sus efectos opuestos se equilibran y se llama neutralización porque el pH tiende a 7, es decir, un pH neutro, pero he decirte que no siempre llega exactamente a ese valor, ya que depende de la fuerza del ácido o la base implicada.

Veamos un ejemplo: ácido clorhídrico + hidróxido de sodio.

La reacción completa es:

$$HCl(aq) + NaOH\,(aq) \rightarrow NaCl(aq) + H_2O(l)$$

En esta reacción el HCl aporta iones H^+ y el $NaOH$ aporta OH^- formando $NaCl$, una sal neutra y agua.

Veamos ahora un ejemplo como el que nos pueden pedir hacer en un examen. ¿Cuántos mililitros de NaOH 0,3 M se necesitan para neutralizar 15 ml de HCl 0,1 M?

Datos:

- Ácido: HCl 0,1 M, 15 ml.

- Base: $NaOH$ 0,3 M, volumen desconocido.

Para resolver este tipo de ejercicios, tenemos que recordar los conceptos de estequiometría. En una neutralización, el número de moles del ácido ha de ser igual al número de moles de la base, teniendo en cuenta su relación estequiométrica, en este caso al ser 1:1

$$HCl(aq) + NaOH\,(aq) \rightarrow NaCl(aq) + H_2O$$
$$n_{\text{ácido}} = n_{\text{base}}$$

Como en los datos tenemos la molaridad:

$$M = \frac{n}{V} \rightarrow n = M \cdot V$$

$$M_{\text{ácido}} \cdot V_{\text{ácido}} = M_{\text{base}} \cdot V_{\text{base}}$$

Únicamente nos queda convertir el volumen a litros, sustituir los datos y despejar:

$$0,1 \cdot 0,015 = 0,3 \cdot V_{base}$$

$$V_{base} = 0,005 \rightarrow 5 \text{ ml de NaOH}$$

Hagamos ahora un ejemplo en el que la relación entre ácido y base no sea 1:1, por ejemplo, una neutralización con ácido sulfúrico, H_2SO_4:

$$H_2SO_4 + 2NaOH \rightarrow Na_2SO_4 + 2H_2O$$

En este caso, un mol de ácido reacciona con dos moles de base, hay que tener cuidado porque el ácido tiene dos protones disponibles.

El enunciado podría ser el siguiente. ¿Cuántos ml de NaOH 0,2 M se necesitan para neutralizar 50 ml de H_2SO_4 0,1 M?

- ■ **Paso 1:** Calculamos los moles de H_2SO_4:

$$n = M \cdot V = 0,1 \cdot 0,050 = 0,005 \, mol$$

- ■ **Paso 2:** Este ácido necesita 2 moles de base por cada mol de ácido, así que:

$$n_{NaOH} = 0,005 \cdot 2 = 0,010 \, mol$$

- ■ **Paso 3:** Calculamos volumen necesario de NaOH:

$$M = \frac{n}{V} \rightarrow V = \frac{n}{M} \rightarrow V = \frac{0,01}{0,2}$$

$$V = 0,05 \rightarrow V = 50 \, ml$$

Se necesitan 50 ml de NaOH 0,2 M para neutralizar 50 ml de H_2SO_4 0,1 M.

HIDRÓLISIS DE SALES

¿Qué es la hidrólisis de sales? Cuando una sal se disuelve en agua, puede interactuar con las moléculas de agua y provocar una reacción química que altere el pH de la disolución. A este fenómeno se le llama hidrólisis de sales. En otras palabras: no todas las sales son neutras. Algunas acidifican el agua, otras la vuelven básica. Todo depende de los iones que la forman.

¿De qué depende? Depende de qué tipo de ácido y base originaron la sal:

Tipo de ácido-base que forma la sal	¿Se hidroliza?	Resultado final
Ácido fuerte + Base fuerte	No	pH ≈ 7 (neutra)
Ácido débil + Base fuerte	Sí	pH > 7 (básica)
Ácido fuerte + Base débil	Sí	pH < 7 (ácida)
Ácido débil + Base débil	Sí	Depende del Ka y Kb

Veamos unos ejemplos:

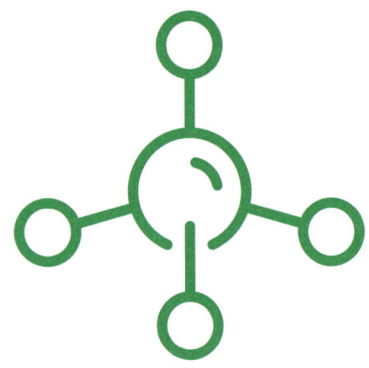

1. **Sal neutra:**

   NaCl (sal de HCl y NaOH)

   Ácido fuerte + base fuerte

   No se hidroliza → pH ≈ 7

2. **Sal que da disolución básica:**

   CH_3COONa (acetato de sodio)

   Ácido débil (CH_3COOH) + base fuerte (NaOH)

   El ion CH_3COO^- reacciona con el agua:

   $$CH_3COO^- + H_2O \rightleftharpoons CH_3COOH + OH^-$$

   Libera OH^- → disolución básica

3. **Sal que da disolución ácida:**

   NH_4Cl (cloruro de amonio)

   Ácido fuerte (HCl) + base débil (NH_3)

   El ion NH_4^+ reacciona con el agua:

   $$NH_4^+ + H_2O \rightleftharpoons NH_3 + H_3O^+$$

   Libera H_3O^+ → disolución ácida

¿CÓMO SABER SI UNA SAL SE HIDROLIZA?

Para saber si una sal se hidroliza hay que seguir los siguientes pasos:

1. Identifica el ácido y la base que dieron lugar a la sal.

2. Analiza si son fuertes o débiles.

3. Decide si se hidroliza y cómo afecta al pH.

Recuerda siempre este truco:

- Catión ácido débil, como el NH_4^+: Produce pH ácido.

- Anión base débil como el CH_3COO^-: Genera pH básico.

- Si ambos iones vienen de sustancias fuertes: No hay hidrólisis.

AJUSTE DE REACCIONES *REDOX*

¿QUÉ SON LAS REACCIONES *REDOX*?

Las reacciones *redox*, también conocidas como reacciones de reducción-oxidación, son procesos químicos en los que unos átomos ganan electrones (reducción) y otros los pierden (oxidación). La clave está en identificar quién cede electrones y se oxida, y quién los recibe y se reduce.

¿POR QUÉ AJUSTAR UNA REACCIÓN *REDOX* ES DISTINTO A UNA NORMAL?

Porque además de cumplir la ley de conservación de la masa, en una reacción *redox* también se deben equilibrar los electrones transferidos. El ajuste correcto asegura que no se "pierda" ningún electrón durante el proceso.

¿CÓMO SE AJUSTAN LAS REACCIONES *REDOX*?

Para ajustar las reacciones *redox* es necesario usar el método del ion-electrón y hay que tener en cuenta si la reacción es en medio ácido o básico, ya que se ajustan de un modo diferente.

Empezamos por el **ajuste en medio ácido**. Los pasos a seguir son:

1. Divide la reacción en dos semirreacciones: una de oxidación y otra de reducción.

2. Ajusta todos los elementos que no sean oxígeno ni hidrógeno.

3. Ajusta los oxígenos añadiendo moléculas de H_2O.

4. Ajusta los hidrógenos añadiendo H^+.

5. Ajusta las cargas añadiendo electrones (e^-).

6. Iguala los electrones cedidos y recibidos, multiplicando si hace falta.

7. Suma las semirreacciones y elimina especies que estén a ambos lados.

8. Verifica que la masa y la carga están equilibradas.

TOMA AQUÍ TUS NOTAS

Hagamos un ejemplo en medio ácido: ajustar la reacción entre el ion permanganato, MnO_4^-, y el ion hierro, Fe^{2+}:

$$MnO_4^- + Fe^{2+} \rightarrow Mn^{2+} + Fe^3$$

■ **Paso 1:** Separamos en dos semirreacciones:

Oxidación	Reducción
$Fe^{2+} \rightarrow Fe^{3+}$	$MnO_4^- \rightarrow Mn^{2+}$

■ **Paso 2:** Ajustamos los átomos distintos de O y H. En este caso están bien.

■ **Paso 3:** Ajustamos oxígenos añadiendo H_2O a la derecha en la semirreacción de reducción:

$$MnO_4^- \rightarrow Mn^{2+} + 4H_2O$$

■ **Paso 4:** Ajustamos hidrógenos añadiendo H^+ a la izquierda:

$$8H^+ + MnO_4^- \rightarrow Mn^{2+} + 4H_2O$$

■ **Paso 5:** Ajustamos cargas con electrones:

Oxidación	Reducción
$Fe^{2+} \rightarrow Fe^{3+}$ $Fe^{2+} \rightarrow Fe^{3+}+1e^-$	$MnO_4^- \rightarrow Mn^{2+}$ $8H^+ + MnO_4^- \rightarrow Mn^{2+} + 4H_2O$ $8H^+ + MnO_4^- +5e^- \rightarrow Mn^{2+} + 4H_2O$

Semirreacción de reducción:

■ Lado izquierdo: +8 procedentes del de H^+ –1 del MnO_4^- = +7.

■ Lado derecho: +2.

■ Para igualar, añadimos 5 electrones al lado izquierdo.

Semirreacción de reducción:

■ Lado izquierdo: +2.

■ Lado derecho: +3.

■ Para igualar, añadimos 1 electrón al lado derecho.

■ **Paso 6:** Igualamos electrones entre ambas reacciones.

En la reacción de oxidación tenemos un electrón mientras que en la de reducción tenemos 5, por lo que, para igualar, multiplicamos por 5 la semirreacción de oxidación:

Oxidación	Reducción
$Fe^{2+} \rightarrow Fe^{3+}$ $Fe^{2+} \rightarrow Fe^{3+}+1e^-$ $5x[Fe^{2+} \rightarrow Fe^{3+}+1e^-]$ $5Fe^{2+} \rightarrow 5Fe^{3+}+5e^-$	$MnO_4^- \rightarrow Mn^{2+}$ $8H^+ + MnO_4^- \rightarrow Mn^{2+} + 4H_2O$ $8H^+ + MnO_4^- +5e^- \rightarrow Mn^{2+} + 4H_2O$

- **Paso 7:** Sumamos ambas semirreacciones:

$$5Fe^{2+} \rightarrow 5Fe^{3+} + 5e^-$$

$$8H^+ + MnO_4^- + 5e^- \rightarrow Mn^{2+} + 4H_2O$$

$$8H^+ + MnO_4^- + 5e^- + 5Fe^{2+} \rightarrow 5Fe^{3+} + 5e^- + Mn^{2+} + 4H_2O$$

¡Listo!

Está ajustada en masa y carga, y es una reacción en medio ácido.

¿Qué te parece si hacemos juntos un ejemplo un poco más complicado en el que tenemos que decidir cuál es la reacción de oxidación, cuál es la de reducción y ajustamos la reacción? Lo tienes en el código QR.

El **ajuste en medio básico** sigue un método es muy similar, pero hay un paso extra.

Veamos un ejemplo en medio básico: ajustar la siguiente reacción:

$$MnO_4^- + NO_2^- \rightarrow MnO_2 + NO_3^-$$

- **Paso 1:** Semirreacciones:

Oxidación	Reducción
$NO_2^- \rightarrow NO_3^-$	$MnO_4^- \rightarrow MnO_2$

- **Paso 2:** Ajustar O con H_2O:

Oxidación	Reducción
$NO_2^- \rightarrow NO_3^-$	$MnO_4^- \rightarrow MnO_2$
$NO_2^- + H_2O \rightarrow NO_3^-$	$MnO_4^- \rightarrow MnO_2 + 2H_2O$

- **Paso 3:** Por cada molécula de agua añadida, añade el doble de H^+ en el otro miembro:

Oxidación	Reducción
$NO_2^- \rightarrow NO_3^-$	$MnO_4^- \rightarrow MnO_2$
$NO_2^- + H_2O \rightarrow NO_3^-$	$MnO_4^- \rightarrow MnO_2 + 2H_2O$
$NO_2^- + H_2O \rightarrow NO_3^- + 2H^+$	$MnO_4^- + 4H^+ \rightarrow MnO_2 + 2H_2O$

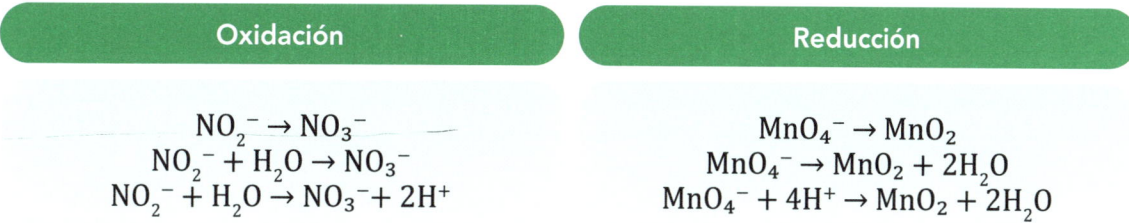

- **Paso 4:** Ajustar cargas con electrones:

Oxidación	Reducción
$NO_2^- \rightarrow NO_3^-$ $NO_2^- + H_2O \rightarrow NO_3^-$ $NO_2^- + H_2O \rightarrow NO_3^- + 2H^+$ $NO_2^- + H_2O \rightarrow NO_3^- + 2H^+ + 2e^-$ $3x[NO_2^- + H_2O \rightarrow NO_3^- + 2H^+ + 2e^-]$ $3NO_2^- + 3H_2O \rightarrow 3NO_3^- + 6H^+ + 6e^-$	$MnO_4^- \rightarrow MnO_2$ $MnO_4^- \rightarrow MnO_2 + 2H_2O$ $MnO_4^- + 4H^+ \rightarrow MnO_2 + 2H_2O$ $MnO_4^- + 4H^+ + 3e^- \rightarrow MnO_2 + 2H_2O$ $2x[MnO_4^- + 4H^+ + 3e^- \rightarrow MnO_2 + 2H_2O]$ $2MnO_4^- + 8H^+ + 6e^- \rightarrow 2MnO_2 + 4H_2O$

Además de ajustar las cargas con electrones, multiplicamos la semirreación de reducción por 2 y la oxidación por 3 para igualar los electrones.

- **Paso 5:** Sumamos:

$$3NO_2^- + 3H_2O \rightarrow 3NO_3^- + 6H^+ + 6e^-$$

$$2MnO_4^- + 8H^+ + 6e^- \rightarrow 2MnO_2 + 4H_2O$$

$$3NO_2^- + 3H_2O + 2MnO_4^- + 8H^+ + 6e^- \rightarrow 3NO_3^- + 6H^+ + 6e^- + 2MnO_2 + 4H_2O$$

En este momento simplificamos el agua, protones y electrones:

$$3NO_2^- + 2MnO_4^- + 2H^+ \rightarrow 3NO_3^- + 2MnO_2 + H_2O$$

Ahora viene el paso clave, como la reacción es en medio básico y nos han sobrado protones, H^+, tenemos que añadir a la izquierda y a la derecha iones OH^-, tantos como protones sobren:

$$3NO_2^- + 2MnO_4^- + 2H^+ + 2OH^- \rightarrow 3NO_3^- + 2MnO_2 + H_2O + 2OH^-$$

Formamos el agua que podamos a la izquierda:

$$3NO_2^- + 2MnO_4^- + 2H_2O \rightarrow 3NO_3^- + 2MnO_2 + H_2O + 2OH^-$$

Y simplificamos las aguas:

$$3NO_2^- + 2MnO_4^- + H_2O \rightarrow 3NO_3^- + 2MnO_2 + 2OH^-$$

¡Listo!

Está ajustada en masa y carga, y es una reacción en medio básico.

¿Qué te parece si hacemos juntos un ejemplo un poco más complicado en el que tenemos que decidir cuál es la reacción de oxidación, cuál es la de reducción y ajustamos la reacción? Lo tienes en el código QR.

EJERCICIOS DE PRUEBAS DE ACCESO A LA UNIVERSIDAD

▪ Comunidad de Madrid, modelo 2023:

B.5. Se hacen reaccionar 3,3 g de azufre sólido con 15 g de $K_2Cr_2O_7$, en medio básico, para dar SO_2, Cr_2O_3 y KOH.

a) Ajuste por el método del ion-electrón las semirreacciones de oxidación y reducción, así como las reacciones iónica y molecular.

b) Indique las especies que actúan como oxidante y reductora.

c) Determine cuál es el reactivo limitante de la reacción y calcule el volumen de dióxido de azufre SO_2 que se obtendrá, medido a 1 atm y 25 °C.

Datos: Masas atómicas (u): H = 1; O = 16; S = 32,1; K = 39,1; Cr = 52; R = 0,082 atm·L·mol⁻¹·K⁻¹.

▪ Comunidad de Madrid, junio 2024, no coincidentes:

A.4. Se han preparado disoluciones acuosas 0,20 M de los siguientes compuestos a 25 °C: hidróxido de sodio, ácido propanoico, cloruro de amonio, cloruro de potasio y etanoato de sodio.

a) Calcule el pH de las disoluciones de hidróxido de sodio y ácido propanoico.

b) Ordene las disoluciones de cloruro de amonio, cloruro de potasio y etanoato de sodio de mayor a menor carácter ácido. Justifique la respuesta formulando las reacciones de ionización de cada especie, y las de hidrólisis del ion que lo requiera.

Datos: pKa (ácido propanoico) = 4,9; p_{Ka} (ácido acético) = 4,75; pK (amoníaco) = 4,75.

▪ Comunidad Valenciana, junio 2021:

Al diluir con agua 25 mL de una disolución de fluoruro de hidrógeno, HF, 6 M hasta alcanzar un volumen de 800 ml se obtiene una disolución de pH 1,94.

a) Calcule la constante de acidez, $_{Ka}$, para el HF.

b) Considerando que a 20 mL de la disolución diluida anterior se le añaden 7,5 ml de NaOH 0,5 M, razone si la disolución resultante será ácida, básica o neutra.

EJERCICIOS REPASO

De cara a practicar te recomiendo que hagas los siguientes ejercicios de repaso:

1. Calcula el pH de una disolución de ácido clorhídrico (HCl) de concentración 0,01 M. Recuerda que el HCl es un ácido fuerte.

2. Calcula el pOH de una disolución de hidróxido de sodio (NaOH) 0,001 M.

3. Una disolución de ácido acético (CH_3COOH) 0,1 M tiene un pH de 2,87. Calcula el valor de su constante de acidez K_a.

4. El amoníaco (NH_3) es una base débil. Una disolución 0,2 M tiene un pH de 11,34. Calcula el K_b y el pOH.

5. Ajusta las siguientes reacciones *redox*:

   a) $K_2MnO_4 + HCl \rightarrow KMnO_4 + MnO_2 + KCl + H_2O$

   b) $NaIO_3 + Na_2SO_3 + NaHSO_3 \rightarrow I_2 + Na_2SO_4 + H_2O$

   c) $HNO_3 + Zn \rightarrow Zn(NO_3)_2 + NH_4NO_3 + H_2O$

   d) $Bi(OH)_3 + Na_2SnO_2 \rightarrow Na_2SnO_3 + Bi + H_2O$

   e) $P_4 + NaOH \rightarrow PH_3 + NaH_2PO_2$

   f) $KMnO_4 + CH_3{-}CH_2OH \rightarrow K_2CO_3 + MnO_2 + H_2O$

TOMA AQUÍ TUS NOTAS

SOLUCIONES

CAPÍTULO 1

Hidruros metálicos (página 9):

Fórmula	Sistemática	Stock
FeH_3	Trihidruro de hierro	Hidruro de hierro (III)
PtH_4	Tetrahidruro de platino	Hidruro de platino (IV)
NiH_3	Trihidruro de níquel	Hidruro de níquel (III)
AuH	Monohidruro de oro	Hidruro de oro (I)
CsH	Monohidruro de cesio	Hidruro de cesio
CaH_2	Dihidruro de calcio	Hidruro de calcio
CoH_3	Trihidruro de cobalto	Hidruro de cobalto (III)
CdH_2	Dihidruro de cadmio	Hidruro de cadmio
CuH	Monohidruro de cobre	Hidruro de cobre (I)
NiH_3	Trihidruro de níquel	Hidruro de níquel (III)
ZnH_2	Dihidruro de cinc	Hidruro de cinc
AuH	Monohidruro de oro	Hidruro de oro (I)

Hidruros no metálicos (página 10):

Fórmula	Sistemática	Stock	Tradicional
H_2Se	Dihidruro de selenio	Hidruro de selenio	Ácido selenhídrico
HBr	Bromuro de hidrógeno	Bromuro de hidrógeno	Ácido bromhídrico
HF	Fluoruro de hidrógeno	Fluoruro de hidrógeno	Ácido fluorhídrico
HI	Yoduro de hidrógeno	Yoduro de hidrógeno	Ácido yodhídrico
H_2Te	Dihidruro de telurio	Hidruro de telurio	Ácido telurhídrico

Sales binarias (página 11):

Fórmula	Sistemática	Stock
$FeCl_3$	Tricloruro de hierro	Cloruro de hierro (III)
$LiBr$	Bromuro de litio	Bromuro de litio
BaS	Monosulfuro de bario	Sulfuro de bario
KI	Yoduro de potasio	Yoduro de potasio
$CoBr_3$	Tribromuro de cobalto	Bromuro de cobalto (III)
$NiCl_3$	Tricloruro de níquel	Cloruro de níquel (III)
$CaBr_2$	Dibromuro de calcio	Bromuro de calcio
$NaCl$	Cloruro de sodio	Cloruro de sodio
MgS	Monosulfuro de magnesio	Sulfuro de magnesio
KCl	Cloruro de potasio	Cloruro de potasio
LiF	Fluoruro de litio	Fluoruro de litio
$MgCl_2$	Dicloruro de magnesio	Cloruro de magnesio

Óxidos (página 12):

Fórmula	Sistemática	Stock
CO	Monóxido de carbono	Óxido de carbono (II)
Na_2O	Óxido de disodio	Óxido de sodio
CO_2	Dióxido de carbono	Óxido de carbono (IV)
MgO	Monóxido de magnesio	Óxido de magnesio
CaO	Monóxido de calcio	Óxido de calcio
BaO	Monóxido de bario	Óxido de bario
SO_3	Trióxido de azufre	Óxido de azufre (VI)
FeO	Monóxido de hierro	Óxido de hierro (II)
SO_2	Dióxido de azufre	Óxido de azufre (IV)
Ag_2O	Óxido de diplata	Óxido de plata
SiO_2	Dióxido de silicio	Óxido de silicio (IV)
N_2O_3	Trióxido de dinitrógeno	Óxido de nitrógeno (III)

Peróxidos (página 13):

Fórmula	Sistemática	Tradicional	Stock
Li_2O_2	Dióxido de dilitio	Peróxido de litio	Peróxido de litio
Fe_2O_2	Dióxido de dihierro	Peróxido ferroso	Peróxido de hierro (II)
CaO_2	Dióxido de calcio	Peróxido de calcio	Peróxido de calcio
Cr_2O_6	Hexaóxido de dicromo	Peróxido de cromo	Peróxido de cromo (III)
NiO_2	Dióxido de níquel	Peróxido de níquel	Peróxido de níquel (II)
Mn_2O_6	Hexaóxido de dimanganeso	Peróxido de manganeso	Peróxido de manganeso (III)
Li_2O_2	Dióxido de dilitio	Peróxido de litio	Peróxido de litio
HgO_2	Dióxido de mercurio	Peróxido de mercurio	Peróxido de mercurio (II)
Ag_2O_2	Dióxido de diplata	Peróxido de plata	Peróxido de plata
Fe_2O_6	Hexaóxido de dihierro	Peróxido férrico	Peróxido de hierro (III)
ZnO_2	Dióxido de cinc	Peróxido de cinc	Peróxido de cinc
Ni_2O_3	Trióxido de diníquel	Óxido de níquel (III)	Óxido de níquel (III)

Hidróxidos (página 14):

Fórmula	Sistemática	Stock
$Ni(OH)_3$	Trihidróxido de níquel	Hidróxido de níquel (III)
$Cu(OH)_2$	Dihidróxido de cobre	Hidróxido de cobre (II)
$RbOH$	Monohidróxido de rubidio	Hidróxido de rubidio
$AgOH$	Monohidróxido de plata	Hidróxido de plata
$Co(OH)_3$	Trihidróxido de cobalto	Hidróxido de cobalto (III)
$Pt(OH)_2$	Dihidróxido de platino	Hidróxido de platino (II)
$Fe(OH)_3$	Trihidróxido de hierro	Hidróxido de hierro (III)
$Be(OH)_2$	Dihidróxido de berilio	Hidróxido de berilio
$Ca(OH)_2$	Dihidróxido de calcio	Hidróxido de calcio
$LiOH$	Monohidróxido de litio	Hidróxido de litio
$Cd(OH)_2$	Dihidróxido de cadmio	Hidróxido de cadmio

Ácidos oxácidos (página 15):

Fórmula	Sistemática	Tradicional
$HClO_3$	Trioxoclorato (V) de hidrógeno	Ácido clórico
H_2SO_2	Dioxosulfato (II) de hidrógeno	Ácido hiposulfuroso
$HBrO_4$	Tetraoxobromato (VII) de hidrógeno	Ácido perbrómico
HIO	Monooxoyodato (I) de hidrógeno	Ácido hipoyodoso
HIO	Monooxoyodato (I) de hidrógeno	Ácido hipoyodoso
H_2SO_3	Trioxosulfato (IV) de hidrógeno	Ácido sulfuroso
HNO_2	Dioxonitrato (III) de hidrógeno	Ácido nitroso
H_2CO_3	Trioxocarbonato (IV) de hidrógeno	Ácido carbónico

Sales ternarias (página 16):

Fórmula	Sistemática	Tradicional
$NaClO$	Monoxoclorato (I) de sodio	Hipoclorito de sodio
$Ca(H_2PO_4)_2$	Hidrogenotetraoxofosfato(V) de calcio	Fosfato ácido de calcio
$MgSO_4$	Tetraoxosulfato (VI) de magnesio	Sulfato de magnesio
$Cd(ClO_4)_2$	Bis(tetraoxoclorato(VII)) de cadmio	Perclorato de cadmio
Cs_2CO_3	Trioxocarbonato (IV) de dicesio	Carbonato de cesio
$Hg(ClO_4)_2$	Bis(tetraoxoclorato(VII)) de mercurio(II)	Perclorato de mercurio (II)
$KClO_4$	Tetraoxoclorato (VII) de potasio	Perclorato de potasio
$Mg(IO)_2$	Bis(monooxoyodato(I)) de magnesio	Hipoyodito de magnesio
$Cd(NO_2)_2$	Bis(dioxonitrato(III)) de cadmio	Nitrito de cadmio

CAPÍTULO 2

Alcanos (página 21):

Nombre	Fórmula
4-etiloctano	$CH_3CH_2CH(CH_2CH_3)CH_2CH_2CH_2CH_3$
Propano	$CH_3-CH_2-CH_3$
Etano	CH_3CH_3
2-metilbutano	$CH_3-CH(CH_3)-CH_2-CH_3$
2-metilpropano	$CH_3CH(CH_3)CH_3$
3-etilpentano	$CH_3-CH_2-CH(CH_2CH_3)-CH_3$
Pentano	$CH_3-CH_2-CH_2-CH_2-CH_3$
Heptano	$CH_3(CH_2)5CH_3$
2-metilpentano	$CH_3-CH(CH_3)-CH_2-CH_2-CH_3$
2,3-dimetilbutano	$CH_3-CH(CH_3)-CH(CH_3)-CH_3$
3,3-dimetilpentano	$CH_3-CH_2-C(CH_3)_2-CH_2-CH_3$
4-etil,3-metiloctano	$CH_3-CH(CH_3)-CH(CH_2CH_3)-CH_2-CH_2-CH_2-CH_3$
2,3-dimetiloctano	$CH_3-CH(CH_3)-CH(CH_3)-CH_2-CH_2-CH_2-CH_3$

Alquenos (página 22):

1. Formula los siguientes alquenos:

   1) Propadieno: $CH_2 = C = CH_2$
   2) 2-metil-1,3-butadieno: $CH_2 = C(CH_3)-CH = CH_2$
   3) 5-metil-3-propil-1,4,6-octatrieno: $CH_2 = CH-CH(CH_2CH_2CH_3)-CH = C(CH_3)-CH=CH-CH_3$
   4) 2-etil-1,3-nonadieno: $CH_2 = C(CH_2CH_3)-CH = CH-CH_2-CH_2-CH_2-CH_2-CH_3$
   5) 3-etil-1,5-octadieno: $CH_2 = CH-CH(CH_2CH_3)-CH_2-CH = CH-CH_2-CH_3$
   6) 3-etil-6-metil-2-octeno: $CH_3-CH = C(CH_2CH_3)-CH_2-CH_2-CH(CH_3)-CH_2-CH_3$
   7) 4-metil-4-propil-2,5,7-deca-trieno: $CH_3-CH = CH-C(CH_3)(CH_2CH_2CH_3)-CH = CH-CH = CH-CH_2-CH_3$
   8) 2,3-dimetil-1,3-penta-dieno: $CH_2 = C(CH_3)-C(CH_3) = CH-CH_3$
   9) 2,3,5-trimetil-1,4-octa-dieno: $CH_2 = C(CH_3)-C(CH_3) = CH-CH(CH_3)-CH_2-CH_2-CH_3$
   10) 3-propil-1,5-octadieno: $CH_2 = CH-CH(CH_2CH_2CH_3)-CH_2-CH = CH-CH_2-CH_3$

2. Nombra los siguientes alquenos:

   1) $CH_2 = CH_2$: Eteno
   2) $CH_2 = CH-CH_3$: Propeno
   3) $CH_3-CH = CH-CH_3$: But-2-eno
   4) $CH_2 = CH-CH(CH_3)-CH_3$: 3-metilbut-1-eno
   5) $CH_3-CH2-CH = CH-CH_3$: Pent-2-eno
   6) $CH_3-C(CH_3) = CH-CH_2-CH_3$: 2-metilpent-2-eno
   7) $CH_3-C(CH_3) = C(CH_3)-CH_3$: 2,3-dimetilbut-2-eno
   8) $CH_3-CH_2-CH_2-CH = CH-CH_3$: Hex-2-eno
   9) $CH_3-CH = CH-CH_2-CH_2-CH_3$: Hex-2-eno
   10) $CH_3-CH(CH_2CH_3)-CH = CH-CH_2-CH_3$: 4-etilhex-2-eno

Alquinos (página 24)

1. Formula estos compuestos:

   1) Etino: $CH≡CH$
   2) But-1-ino: $CH≡C-CH_2-CH_3$
   3) Hexa-2-ino: $CH_3-C≡C-CH_2-CH_2-CH_3$
   4) Penta-1-ino: $CH≡C-CH_2-CH_2-CH_3$
   5) Penta-2-ino: $CH_3-C≡C-CH_2-CH_3$
   6) 1,3-hexadiino: $CH≡C-C≡C-CH_2-CH_3$
   7) 1,3,5-heptatriino: $CH≡C-C≡C-C≡C-CH_3$
   8) 3-etil-1,5-octadiino: $CH≡C-CH(CH_2CH_3)-CH_2-C≡C-CH_2-CH_3$

   9) 7,7-dimetil-3-propil-1,5-decadiino: $CH≡C-CH_2-C(CH_2CH_2CH_3)=CH-C≡C-C(CH_3)_2-CH_2-CH_3$
   10) 6,9-dietil-3-metil-1,4,7-duodecatriino: $CH≡C-CH_2-C(CH_3)=CH-CH(CH_2CH_3)-C≡C-CH_2-CH(CH_2CH_3)-CH_2-CH_3$

2. Nombra estos compuestos:

   1) $CH≡CH$: Etino
   2) $CH_3-C≡C-CH_3$: But-2-ino
   3) $CH≡C-CH_2-CH_3$: But-1-ino
   4) $CH_3-CH_2-C≡C-CH_2-CH_3$: Hex-3-ino
   5) $CH_3-CH(CH_3)-C≡CH$: 3-metilbut-1-ino
   6) $CH_3-C≡C-CH(CH_3)-CH(CH_2CH_3)-CH_3$: 5-etil-4-metilhex-2-ino
   7) $CH≡C-CH=CH-CH_3$: Pent-3-en-1-ino
   8) $CH_3-C≡C-CH_2-C≡CH$: Hexa-1,4-diino
   9) $CH_3-CH(CH_2CH_3)-CH_2-C≡CH$: 4-etilhex-1-ino
   10) $CH≡C-CH_2-CH(CH_3)-CH_2-CH_3$: 4-metilhex-1-ino

Derivados halogenados (página 26)

1. Formula estos compuestos

   1) Bromometano: CH_3Br
   2) 1-cloropropano: $CH_3CH_2CH_2Cl$
   3) 1-bromopropano: $CH_3CH_2CH_2Br$
   4) 1,2-dibromopentano: $CH_2Br-CHBr-CH_2-CH_2-CH_3$
   5) 2-bromo-2-metilbutano: $CH_3-C(Br)(CH_3)-CH_2-CH_3$
   6) 1-cloro-3-metilhexano: $ClCH_2-CH_2-CH(CH_3)-CH_2-CH_2-CH_3$
   7) 2-cloro-2,3-dimetilpentano: $CH_3-CCl(CH_3)-CH(CH_3)-CH_2-CH_3$
   8) 1-cloro-2-yodohexano: $ClCH_2-CHI-CH_2-CH_2-CH_2-CH_3$

2. Nombra estos compuestos

   1) CH_3-CH_2-Cl: Cloroetano
   2) $CH_3-CH_2-CH_2-Br$: 1-bromopropano
   3) $CH_3-CHBr-CH_3$: 2-bromopropano
   4) $CH_3-CH_2-CHCl-CH_3$: 2-clorobutano
   5) CH_2Br-CH_2Br: 1,2-dibromoetano
   6) $CH_3-C(CH_3)(Br)-CH_3$: 2-bromo-2-metilpropano

Éteres (página 28):

1. Formula estos compuestos:

   1) Etilfeniléter: $CH_3CH_2-O-C_6H_5$
   2) Butoxibutano: $CH_3CH_2CH_2CH_2-O-CH_2CH_2CH_2CH_3$
   3) Bencilfeniléter: $C_6H_5CH_2-O-C_6H_5$

4) Metoxifenol: $CH_3O-C_6H_4-OH$ (o cualquier isómero: 2-, 3-, 4-metoxifenol)

5) Ciclopentilfeniléter: $C_5H_9-O-C_6H_5$

6) Butil metil éter: $CH_3CH_2CH_2CH_2-O-CH_3$

7) 1-etoxipropano: $CH_3CH_2-O-CH_2CH_2CH_3$

8) 1-metoxibutano: $CH_3O-CH_2CH_2CH_2CH_3$

9) Etil isobutil éter: $CH_3CH_2-O-CH_2CH(CH_3)_2$

10) 1-isopropoxibutano: $CH_3CH_2CH_2CH_2-O-CH(CH_3)_2$

2. Nombra estos compuestos

1) CH_3-O-CH_3: Dimetil éter o metoximetano

2) $CH_3CH_2-O-CH_2CH_3$: Dietil éter o etoxietano

3) $CH_3-O-CH_2CH_3$: Etil metil éter o metoxietano

4) $CH_3CH_2CH_2-O-CH_3$: Metil propil éter o 1-metoxipropano

5) $CH_3CH_2CH_2CH_2-O-CH_3$: Butil metil éter o 1-metoxibutano

6) $CH_3CH_2-O-CH_2CH_2CH_3$: Etil propil éter o 1-etoxipropano

Aminas (página 29):

1. Formula estas aminas:

1) Trietilamina: $(CH_3CH_2)_3N$

2) Pentilamina: $CH_3CH_2CH_2CH_2CH_2NH_2$

3) Metiletilamina: $CH_3-NH-CH_2CH_3$

4) Trimetilamina: $(CH_3)_3N$

5) Tributilamina: $(CH_3CH_2CH_2CH_2)_3N$

6) Dimetilamina: $(CH_3)_2NH$

7) Etilpropilamina: $CH_3CH_2-NH-CH_2CH_2CH_3$

8) Pentan-2-amina: $CH_3CH(NH_2)CH_2CH_2CH_3$

9) Dietilpropilamina: $(CH_3CH_2)_2N-CH_2CH_2CH_3$

10) Isopropilamina: $CH_3CH(NH_2)CH_3$

11) Ciclopentilamina: $C_5H_9NH_2$

2. Nombra estos compuestos:

1) CH_3-NH_2: Metilamina o Metanamina

2) $CH_3CH_2-NH_2$: Etilamina o Etanamina

3) $CH_3-NH-CH_3$: Dimetilamina

4) $CH_3-CH_2-NH-CH_3$: Etilmetilamina

5) $(CH_3)_3N$: Trimetilamina

6) $CH_3CH(NH_2)CH_3$: Isopropilamina o Propan-2-amina

7) $CH_3CH_2CH_2-NH_2$: Propilamina o Propan-1-amina

8) $CH_3CH_2CH(NH_2)CH_3$: Butan-2-amina

9) $CH_3CH_2CH_2-NH-CH_3$: Metilpropilamina

10) $CH_3CH(NH_2)CH_2CH_3$: Butan-2-amina

Alcoholes (pagina 31)

1. Formula estos alcoholes:

1) 2-metil-2-pentanol: $CH_3-C(OH)(CH_3)-CH_2-CH_2-CH_3$

2) 2,3-hexanodiol: $CH_3-CH(OH)-CH(OH)-CH_2-CH_2-CH_3$

3) 1,2-Propanodiol: $CH_2(OH)-CH(OH)-CH_3$

4) 2-metil-3,3-heptanodiol: $CH_3-CH(CH_3)-C(OH)_2-CH_2-CH_2-CH_2-CH_3$

5) 2-metil-3-hexen-1-ol: $CH_2(OH)-C(CH_3)=CH-CH_2-CH_2-CH_3$

6) 4-etil-2-hexen-1,5-diol: $CH_2(OH)-CH=CH(CH_2CH_3)-CH(OH)-CH_3$

7) 4-hepten-1-in-3-ol: $CH\equiv C-CH(OH)-CH=CH-CH_2-CH_3$

8) 2,3-dietilcicloheptanol: (Dependerá de la posición del OH, pero la base es un cicloheptano con un OH y dos grupos etilo en las posiciones 2 y 3)

9) 3-metil,1-ciclopentenol: (Dependerá de la posición del doble enlace, asumiendo en 1,2).

10) 4-hepten-1,2-diol: $CH_2(OH)-CH(OH)-CH_2-CH=CH-CH_2-CH_3$

2. Nombra los siguientes compuestos:

1) CH_3-OH: Metanol

2) CH_3-CH_2-OH: Etanol

3) $CH_3-CH_2-CH_2-OH$: Propan-1-ol

4) $CH_3-CHOH-CH_3$: Propan-2-ol

5) $CH_3-CH_2-CH_2-CH_2-OH$: Butan-1-ol

6) $HO-CH_2-CH_2-OH$: Etano-1,2-diol

7) $CH_3-CH(OH)-CH(OH)-CH_3$: Butano-2,3-diol

8) $CH_3-CH_2-CH(OH)-CH_3$: Butan-2-ol

9) $CH_3-CH(OH)-CH_2-CH_2-CH_2-CH_3$: Heptan-2-ol

10) $CH_2OH-CHOH-CH_2OH$: Propano-1,2,3-triol (Glicerol)

Cetonas (página 33):

1. Formula estas cetonas:

1) 1,4-heptanodiona: $CH_3-CO-CH_2-CH_2-CO-CH_2-CH_3$

2) 1,6-octadien-3-ona: $CH_2=CH-CO-CH_2-CH_2-CH=CH-CH_3$

3) 4-metil-2-heptanona: $CH_3-CO-CH_2-CH(CH_3)-CH_2-CH_2-CH_3$

4) 1,3-hexanodiona: $CH_3-CO-CH_2-CO-CH_2-CH_3$

5) 3,5-dihidroxi-2-hexanona: $CH_3-CO-CH(OH)-CH_2-CH(OH)-CH_3$

6) 3-oxobutanal: $CH_3-CO-CH_2-CHO$

7) 3,6-dioxooctanodial: $CHO-CH_2-CO-CH_2-CH_2-CO-CH_2-CHO$

8) 2-etil-3-hidroxibutanal: $CH_3-CH(OH)-CH(CH_2CH_3)-CHO$

9) 1,6-heptadien-3-ona: $CH_2=CH-CO-CH_2-CH_2-CH=CH_2$

10) 2-etil-3,5-nonadiona: $CH_3-CO-CH(CH_2CH_3)-CH_2-CO-CH_2-CH_2-CH_3$

2. Nombra estas fórmulas:

1) $CH_3-CO-CH_3$: Propanona (Acetona)

2) $CH_3-CO-CH_2CH_3$: Butanona

3) $CH_3CH_2-CO-CH_2CH_3$: Pentan-3-ona

4) $CH_3-CH_2-CH_2-CO-CH_3$: Pentan-2-ona

5) $CH_3CH_2CH_2CH_2-CO-CH_3$: Hexan-2-ona

6) $CH_3CH_2CH_2-CO-CH_2CH_3$: Hexan-3-ona

7) $CH_3-CO-CH(CH_3)CH_3$: 3-metilbutan-2-ona

8) $CH_3-CO-CH_2-CH_2CH_3$: Pentan-2-ona

9) $CH_3CH_2-CO-CH(CH_3)CH_3$: 2-metilpentan-3-ona

10) $CH_3CH_2CH_2CH_2-CO-CH_2CH_3$: Heptan-3-ona

Aldehídos (página 34)

1. Formula estos aldehídos:

1) Butanodial: $CHO-CH_2-CH_2-CHO$

2) 2-metil-pentenal: $CH_3-CH_2-CH_2-C(CH_3)=CH-CHO$ (o 2-metilpent-2-enal, dependiendo de la posición del doble enlace)

3) Hexanal: $CH_3CH_2CH_2CH_2CH_2CHO$

4) 3-etil-2-pentenal: $CH_3-CH_2-CH(CH_2CH_3)-CH=CH-CHO$

5) 3-heptendial: $CHO-CH_2-CH=CH-CH_2-CH_2-CHO$

6) 3-etil-4-heptenal: $CH_3-CH_2-CH_2-CH(CH_2CH_3)-CH=CH-CHO$

7) 3-propil-4-octinal: $CH_3-CH_2-CH_2-C(CH_2CH_2CH_3)=CH-CH_2-CH_2-CHO$ (no es aldehído, si es alquinal)

8) 2,3-dimetilhexanodial: $CHO-CH(CH_3)-CH(CH_3)-CH_2-CH_2-CHO$

9) Benzaldehído: C_6H_5CHO

10) 3,5-dimetiloctanodial: $CHO-CH_2-CH(CH_3)-CH_2-CH(CH_3)-CH_2-CH_2-CHO$

2. Nombra estas fórmulas:

1) $H-CHO$: Metanal (Formaldehído)

2) CH_3-CHO: Etanal (Acetaldehído)

3) CH_3CH_2-CHO: Propanal

4) $CH_3CH_2CH_2-CHO$: Butanal

5) $CH_3CH_2CH_2CH_2-CHO$: Pentanal

6) $CH_3-CH(CH_3)-CHO$: 2-metilpropanal

7) $CH_3CH_2-CH(CH_3)-CHO$: 2-metilbutanal

8) $CH_3-CH(CH_3)-CH_2-CHO$: 3-metilbutanal

9) $CH_3CH_2CH_2CH_2CH_2-CHO$: Hexanal

10) $CH_3-CH(CH_3)-CH(CH_3)-CHO$: 2,3-dimetilbutanal

Ácidos carboxílicos (página 36):

1. Formula los siguientes ácidos carboxílicos:

1) Ácido 2-etil-3-heptenoico: $CH_3-CH_2-CH_2-CH=CH-CH(CH_2CH_3)-COOH$

2) Ácido 2-metil-3-octenoico: $CH_3-CH_2-CH_2-CH_2-CH=CH-CH(CH_3)-COOH$

3) Ácido 3-hexenodioico: $HOOC-CH_2-CH=CH-CH_2-COOH$

4) Ácido 3-etil-2-pentenoico: $CH_3-CH_2-CH(CH_2CH_3)-CH=CH-COOH$

5) Ácido 2-cloro-heptanoico: $CH_3-CH_2-CH_2-CH_2-CH_2-CH(Cl)-COOH$

6) Ácido 3-oxoheptanoico: $CH_3-CH_2-CH_2-CH_2-CO-CH_2-COOH$

7) Ácido 4-etil-2-heptenoico: $CH_3-CH_2-CH_2-CH(CH_2CH_3)-CH=CH-COOH$

8) Ácido 3,4-dihidroxihexanodioico: $HOOC-CH_2-CH(OH)-CH(OH)-CH_2-COOH$

9) Ácido 3-metilbutanoico: $CH_3-CH(CH_3)-CH_2-COOH$

10) Ácido metanoico: $H-COOH$

2. Nombra los siguientes compuestos:

1) $H-COOH$: Ácido metanoico (Ácido fórmico)

2) CH_3-COOH: Ácido etanoico (Ácido acético)

3) CH_3CH_2-COOH: Ácido propanoico

4) $CH_3CH_2CH_2-COOH$: Ácido butanoico

5) $CH_3CH_2CH_2CH_2-COOH$: Ácido pentanoico

6) $(CH_3)_2CH-COOH$: Ácido 2-metilpropanoico

7) $CH_3CH(CH_3)CH_2-COOH$: Ácido 3-metilbutanoico

8) $CH_3-CH(OH)-COOH$: Ácido 2-hidroxipropanoico (Ácido láctico)

9) $CH_3CH_2CH(Cl)-COOH$: Ácido 2-clorobutanoico

10) $CH_3CH(Br)CH_2-COOH$: Ácido 3-bromobutanoico

Amidas (página 38):

1. Formula estas amidas:

1) Etanamida: CH_3-CONH_2

2) Butanamida: $CH_3CH_2CH_2-CONH_2$

3) Metilhexanamida: $CH_3(CH_2)_4-CONHCH_3$

4) Dietilpropanamida: $CH_3CH_2-CON(CH_2CH_3)_2$

5) 3-Oxoheptanamida: $CH_3CH_2CH_2CH_2-CO-CH_2-CONH_2$

6) 2-Metoxi-3-oxo-pentanamida: $CH_3CH_2-CO-CH(OCH_3)-CONH_2$

7) Dimetilbutanamida: $CH_3CH_2CH_2-CON(CH_3)_2$

8) Metilpen-2-enamida: $CH_3-CH_2-CH=CH-CONHCH_3$

2. Nombra estos compuestos:

1) $H-CONH_2$: Metanamida (Formamida)

2) CH_3-CONH_2: Etanamida (Acetamida)

3) $CH_3CH_2-CONH_2$: Propanamida

4) $CH_3CH_2CH_2-CONH_2$: Butanamida

5) $CH_3-CH(CH_3)-CONH_2$: 2-metilpropanamida

6) $CH_3CH_2-CH(CH_3)-CONH_2$: 2-metilbutanamida

7) $CH_3-CONHCH_3$: N-metiletanamida

8) $CH_3-CON(CH_3)_2$: N,N-dimetiletanamida

9) $CH_3CH_2-CONHCH_3$: N-metilpropanamida

10) $CH_3CH_2CH_2-CON(CH_3)_2$: N,N-dimetilbutanamida

Ésteres (página 40)

1. Formula estos ésteres:

1) Pentanoato de etilo: $CH_3CH_2CH_2CH_2-COOCH_2CH_3$

2) Butanoato de metilo: $CH_3CH_2CH_2-COOCH_3$

3) Metanoato de propilo: $H-COOCH_2CH_2CH_3$

4) Propanoato de butilo: $CH_3CH_2-COOCH_2CH_2CH_2CH_3$

5) 3-Clorobutanoato de fenilo: $CH_3-CH(Cl)-CH_2-COO-C_6H_5$

6) 2,3-Diclorohexanoato de fenilo: $CH_3CH_2CH_2-CH(Cl)-CH(Cl)-COO-C_6H_5$

7) Metanoato de metilo: $H-COOCH_3$

8) Etanoato de etilo: $CH_3-COOCH_2CH_3$

9) Propinoato de metilo: $CH\equiv C-COOCH_3$

10) Benzoato de etilo: $C_6H_5-COOCH_2CH_3$

11) Etanoato de butilo: $CH_3-COOCH_2CH_2CH_2CH_3$

12) Pentanoato de propilo: $CH_3CH_2CH_2CH_2-COOCH_2CH_2CH_3$

2. Nombra los siguientes compuestos:

1) $CH_3-COOCH_3$: Etanoato de metilo

2) $CH_3-COOCH_2CH_3$: Etanoato de etilo

3) $CH_3CH_2-COOCH_3$: Propanoato de metilo

4) $CH_3CH_2CH_2-COOCH_2CH_3$: Butanoato de etilo

5) $CH_3-CH(CH_3)-COOCH_3$: 2-metilpropanoato de metilo

6) $CH_3CH_2-COOCH(CH_3)_2$: Propanoato de isopropilo

7) $CH_3CH_2CH_2-COOCH(CH_3)_2$: Butanoato de isopropilo

8) $CH_3CH_2-COOCH_2CH_3$: Propanoato de etilo

9) $CH_3-COOCH(CH_3)_2$: Etanoato de isopropilo

10) $CH_3CH_2CH_2-COOCH_3$: Butanoato de metilo

CAPÍTULO 3

■ **Ejercicio 1:** 10 %.

■ **Ejercicio 2:** Masa del soluto = 50.

Masa del disolvente = 250 – 50 = 200 g de agua.

■ **Ejercicio 3:** 20 %.

■ **Ejercicio 4:** Volumen del soluto = 125 ml de ácido acético.

Volumen del disolvente = 500 – 125 = 375 ml.

■ **Ejercicio 5:** 220 g/L.

■ **Ejercicio 6:** 2 M.

■ **Ejercicio 7:** 98 g.

■ **Ejercicio 8:**

a) 34,72 m/s.

b) 230 g/m².

c) 0,043 m/s.

d) 1.296.000 s.

e) 0,0000048 kg m/s.

f) 4.800 kg/m³.

g) 51,38 m/s.

h) 0,6 kg/m².

i) 3.400 kg/m³.

j) 0,1227 m/s.

■ **Ejercicio 9:** 1 N.

■ **Ejercicio 10:** 1,5 N.

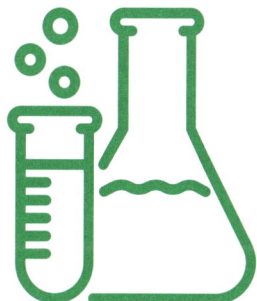

CAPÍTULO 4

■ **Ejercicio 1:**

a) $C_3H_8 + 5\,O_2 \rightarrow 3\,CO_2 + 4\,H_2O$

b) $4\,Al + 3\,O_2 \rightarrow 2\,Al_2O_3$

c) $1\,Fe + 2\,HCl \rightarrow 1\,FeCl_2 + 1\,H_2$

d) $2\,NaOH + 1\,H_2SO_4 \rightarrow 1\,Na_2SO_4 + 2\,H_2O$

e) $1\,CaCO_3 \rightarrow 1\,CaO + 1\,CO_2$

f) $2\,AgNO_3 + 1\,Cu \rightarrow 1\,Cu(NO_3)_2 + 2\,Ag$

Recuerda que el número 1 no se pone en estequeometría, los he puesto en las soluciones a modo de que compruebes que lo tienes bien.

■ **Ejercicio 2:** Se formarán 20 gramos de MgO.

■ **Ejercicio 3:** Reactivo limitante el nitrógeno.

Se obtienen 34 g de NH_3.

■ **Ejercicio 4:** Rendimiento del 45,45 %.

■ **Ejercicio 5:** No hay reactivo limitante.

Cantidad teórica: 8,8 g.

Rendimiento: 79,5 %.

CAPÍTULO 5

■ **Ejercicio 1:** Se liberan 273.4 kJ al quemar 9.2 g de etanol.

■ **Ejercicio 2:** ΔH = –888 kJ.

■ **Ejercicio 3:** ΔH = –535 kJ.

■ **Ejercicio 4:** ΔS° = +146,2 J/mol·K.

■ **Ejercicio 5:** ΔG = –33,4 kJ/mol (espontánea a 298 K).

■ **Ejercicio 6:** ΔH = –890.3 kJ.

CAPÍTULO 6

■ **Ejercicio 1:**

■ Falso. La constante cinética no depende de las concentraciones de las especies que reaccionan, según la ecuación de Arrhenius, depende de la temperatura. Variar las concentraciones de los reactivos no afectará al valor de la constante cinética.

■ Verdadero. El orden total de la reacción es la suma de los exponentes de las concentraciones de la ecuación de velocidad por lo que $n = 1 + 2 = 3$.

■ Falso. Para que una reacción sea elemental, los órdenes parciales de reacción deben coincidir con los respectivos coeficientes estequiométricos.

■ Falso. Para una reacción de orden 3, las unidades de la constante son: $mol^{-2}\cdot l^2 \cdot s^{-1}$.

■ **Ejercicio 2:**

■ $v = k \cdot [A]^1 \cdot [B]^2$

■ $mol^{-2}\,l^2\,s^{-1}$

■ Se consumen a la misma velocidad.

■ NO modifica el valor de la constante.

■ **Ejercicio 3:**

■ Al aumentar la temperatura aumenta la constante.

■ ΔH = 150 kJ/mol; E_a = 235 Kj/mol. A mayor energía de activación, menor constante cinética.

CAPÍTULO 7

- **Ejercicio 1:**
  - a) $2,3\cdot10^{-2}$ M
  - b) $[CO] = [Cl_2] = 8,2\cdot10^{-3}$M
     $[COCl_2]=1,48\cdot10^{-2}$M
  - c) $P_{CO} = P_{Cl} = 0,34$ atm
     $P_{COCl} = 0,61$ atm

- **Ejercicio 2:**
  - a) $AuCl_{3(s)} \rightleftharpoons Au^{3+}_{(ac)} + 3Cl^{-}_{(ac)}$
     $Ks = [Au^{3+}]\cdot[Cl^-] = 27\ s^4$
  - b) $3,2\cdot10^{-25}$ M^4
  - c) s= $4,9\cdot10^{-9}$ M. Efecto de ión común desplazando el equilibrio hacia los reactivos, produciendo que se disminuya la solubilidad.

- **Ejercicio 3:**
  - a) $[Br_2] = 0,05$; $[NO] = 0,1$ M; $[NOBr] = 1,9$ M
  - b) $K_c = 1,39\cdot10^{-4}$; $K_p = 3,34\cdot10^{-3}$
  - c) $P_t = 50,1$ atm
  - d) Favorecer la descomposición del NOBr es hacer que el equilibrio se desplace hacia los productos. Aumentando la temperatura, como la reacción es endotérmica, $\Delta H > 0$, si aumentamos la temperatura según Le Châtelier se desplazaría oponiéndose a dicho aumento desplazando el equilibrio en el sentido que es endotérmica, que sería hacia la derecha.

    Disminuyendo la presión, según Le Châtelier se desplazaría oponiéndose a dicha disminución desplazando el equilibrio en el sentido que aumenta el número de moles gaseosos, que sería hacia los productos, ya que hay 3 moles gaseosos en los productos y 2 en los reactivos.

    Añadiendo NOBr o retirando NO y Br_2 del reactor según el principio de Le Châtelier se desplazaría oponiéndose a dicha variación, que sería en ambos casos hacia la formación de productos.

CAPÍTULO 8

- **Ejercicio 1:** El pH de la disolución es 2, lo que indica que es una disolución ácida.

- **Ejercicio 2:** El pOH de la disolución es 3, lo que confirma que se trata de una disolución básica.

- **Ejercicio 3:** $K_a=1,82\times10^{-5}$ y el pH es 2,87.

- **Ejercicio 4:** El pOH es 2,66 y $K_b=2,4\times10^{-5}$

- **Ejercicio 5:**
  - a) $3K_2MnO_4 + 4HCl \rightarrow 2KMnO_4 + MnO_2 + 4KCl + 2H_2O$
  - b) $2NaIO_3 + 3Na_2SO_3 + 2NaHSO_3 \rightarrow I_2 + 5Na_2SO_4 + H_2O$
  - c) $10HNO_3 + 4Zn \rightarrow 4Zn(NO_3)_2 + NH_4NO_3 + 3H_2O$
  - d) $2Bi(OH)_3 + 3Na_2SnO_2 \rightarrow 3Na_2SnO_3 + 2Bi + 3H_2O$
  - e) $4P_4 + 12NaOH + 12H_2O \rightarrow 4PH_3 + 12NaH_2PO_2$
  - f) $4KMnO_4 + CH_3-CH_2OH \rightarrow 2K_2CO_3 + 4MnO_2 + 3H_2O$

¡MUCHAS GRACIAS!

Ha sido un placer ser tu profesor.

Estoy muy orgulloso de ti.

"Nos vemos en el siguiente vídeo".

Sube fotos y vídeos en las que salga el libro a tus redes
y no olvides etiquetarme para que las pueda ver y repostear.

Nos vemos en redes sociales.